揭秘牛初乳 **强免疫健骨骼** 功能

初乳碱性蛋白CBP 与 骨骼健康

娄文勇　曾英杰　李代伟　编著

卢桂海　主审

科学长高 10厘米

CBP 骨能量

提升 骨密度

骨骼 生长因子

牛初乳 精华

本书将牛初乳与初乳碱性蛋白及骨骼健康的关键科普知识以**下划线**的形式标出，读者可通过阅读关键字段，十分钟内快速了解本书精华内容。

华南理工大学出版社
SOUTH CHINA UNIVERSITY OF TECHNOLOGY PRESS
·广州·

图书在版编目（CIP）数据

初乳碱性蛋白 CBP 与骨骼健康/娄文勇，曾英杰，李代伟编著. —广州：华南理工大学出版社，2022.5（2023.3重印）

ISBN 978-7-5623-7024-6

Ⅰ.①初… Ⅱ.①娄… ②曾… ③李… Ⅲ.①乳蛋白-关系-骨骼-保健-研究 Ⅳ.①Q513 ②R161

中国版本图书馆 CIP 数据核字（2022）第 062146 号

Churu Jianxing Danbai CBP Yu Guge Jiankang

初乳碱性蛋白 CBP 与骨骼健康

娄文勇　曾英杰　李代伟　编著

出 版 人：柯　宁
出版发行：华南理工大学出版社
　　　　　（广州五山华南理工大学 17 号楼，邮编 510640）
　　　　　http://hg.cb.scut.edu.cn　E-mail: scutc13@scut.edn.cn
　　　　　营销部电话：020-87113487　87111048（传真）
策划编辑：袁　泽
责任编辑：袁　泽　唐燕池
责任校对：王洪霞
印 刷 者：广州市人杰彩印厂
开　　本：787mm×960mm　1/16　印张：7.25　字数：116 千
版　　次：2022 年 5 月第 1 版　印次：2023 年 3 月第 3 次印刷
定　　价：48.00 元

版权所有　盗版必究　　印装差错　负责调换

前 言

《"健康中国 2030"规划纲要》指出,推进健康中国建设,要坚持预防为主,推行健康文明的生活方式,营造绿色安全的健康环境,减少疾病发生。要调整优化健康服务体系,强化早诊断、早治疗、早康复,坚持保基本、强基层、建机制,更好满足人民群众健康需求。要坚持共建共享、全民健康,坚持政府主导,动员全社会参与,突出解决好妇女儿童、老年人、残疾人、流动人口、低收入人群等重点人群的健康问题。

骨骼是人体结构的重要组成部分,也是人体各项机能的支撑支架。骨骼健康与每个人的健康和幸福息息相关,已然成为当前全社会关注的热点问题。维护骨骼健康要坚持以预防为主,践行《"健康中国 2030"规划纲要》所倡导的健康理念。

初乳碱性蛋白(colostrum basic protein,CBP)是一类在牛乳中发现的、相对分子质量非常小的活性蛋白,可直接作用于骨骼细胞,协调成骨细胞和破骨细胞的活动,并保持两者的动态平衡,促进骨骼生长,提升骨密度。2009 年国家卫健委将 CBP 列入新资源食品目录并公布其应用标准,该标准的出台推动了 CBP 的应用。

华南理工大学长期以来非常关注牛初乳产业发展,在 20 多年前就对牛初乳做了深入研究,并率先在国内出版了牛初乳的科研著作。长期以来,由于商业化牛初乳产品只量化免疫球蛋白 IgG,使得人们对牛初乳"营养价值"的认知只局限于免疫球蛋白 IgG 及其高含量。但其实,牛初乳作为一种天然的超级食物,其像母乳初乳一样,它的免疫和肠道功效不单纯来自于 IgG,而是源于包括 IgG 在内的 250 多种原生营养组分的协同作用。这些天然的成分因其含量高低,有些可以被量化,有些仅存在而无法量化。而在可量化的营养成分中，就包括对骨骼代谢具有调控作用的成分——初乳碱性蛋白CBP。

包括华南理工大学在内的诸多研究表明，24小时内采集的牛初乳天然富含CBP和IgG，通过超滤工艺生产后，CBP含量可与IgG"并驾齐驱"，为人体带来强免疫、健骨骼的双重"自护力"功效，这将改变以往大家对牛初乳单一免疫功能的认识。

本书是一本营养科普读物。编者在系统梳理多国专家对CBP研究成果、CBP产品应用情况的基础上，采用通俗易懂的文字和形象生动的图片，帮助读者了解CBP的来源、营养价值，以及对骨骼健康的促进作用及作用原理，并着重介绍了CBP骨能量对儿童青少年、孕产妇、更年期女性、中老年等人群骨骼健康的作用机理。此外，本书还介绍了CBP产品的营养搭配方法，分析了CBP产品在日本、韩国的应用情况和在我国的研究应用前景。本书集科学性、通俗性、实用性于一体，对我国居民提升骨骼健康，促进CBP产业发展具有非常积极的意义，填补了市面上初乳碱性蛋白科普读物的空白。

本书编写期间，得到了众多业界人士的大力支持。特别感谢卢桂海先生、王世海先生、沈炳琳女士、新西兰奥克兰理工大学Lawrence Lun(伦健)先生、新西兰培芝公司（Biolife New Zealand Ltd.）、美国APS La Belle牛初乳公司等为本书提出了宝贵的建议，推动了本书的编写和出版。

编　者

2023年3月

目 录

绪 论 人类骨骼健康的关键指标——骨密度 ············· 1

第一章 中国居民骨骼健康调查 ························· 3
    一、儿童青少年骨骼健康与身高的调查 ················· 3
    二、中老年人群骨骼健康调查 ······················· 7

第二章 骨骼生长的关键营养素 ······················· 10
    一、让孩子多长高 10 厘米 ························· 10
    二、常见的骨骼营养物质 ·························· 12
    三、长高营养新发现——CBP ······················· 20

第三章 CBP：天然的骨骼生长因子 ··················· 21
    一、什么是 CBP ································ 21
    二、CBP 骨能量的核心功效——增加骨长度与提升骨密度 ··· 25
    三、CBP 的来源——确立牛初乳强免疫健骨骼功效 ······· 27
    四、牛初乳中 CBP 的科学检测方法 ·················· 34

第四章 补钙新认知及 CBP 骨能量作用原理 ············· 36
    一、传统的补钙认知及误区 ························ 36
    二、补钙新认知——CBP 骨能量为健康加"骨劲" ········ 38
    三、CBP 骨能量作用和原理 ······················· 39

第五章 CBP 骨能量：长高营养新发现，让孩子"高人一等" ·· 43
    一、儿童和青少年期骨骼发育特点 ··················· 43
    二、CBP 骨能量为长高提供营养新策略 ··············· 47
    三、CBP 骨能量提升高个孩子骨密度 ················ 48

四、维生素 AD 协同 CBP 促进孩子健康长高 ·············· 49

第六章 CBP 骨能量：孕产妇骨量流失对抗剂，变回"孕前的你" ·············· 53
一、孕产期女性骨骼密度变化及原因 ·············· 53
二、孕期及产后女性骨密度减少的表现 ·············· 55
三、CBP 骨能量对产后骨质疏松的改善作用 ·············· 56

第七章 CBP 骨能量：更年期骨密度断崖式下降阻滞剂，留住青春"有骨气" ·············· 59
一、更年期女性骨量快速减少的原因 ·············· 59
二、更年期女性骨量减少的危害 ·············· 60
三、CBP 骨能量有助于提升补钙效率 ·············· 61

第八章 CBP 骨能量：中老年骨质疏松阻击剂，健步如飞"加骨劲" ·············· 63
一、骨质疏松症的症状及危害 ·············· 64
二、引起骨质疏松的原因 ·············· 65
三、老年人骨质疏松如何判定 ·············· 66
四、CBP 骨能量有助于中老年骨骼健康 ·············· 67

第九章 CBP 骨能量的营养搭档 ·············· 71
一、CBP 和维生素 D、K_2 协同促进钙吸收 ·············· 71
二、CBP 搭配免疫球蛋白 IgG——双蛋白、双功效 ·············· 75
三、CBP 搭配智能营养素 PS ·············· 77

第十章 CBP 新资源食品相关标准 ·············· 79
一、CBP 新资源食品标准细则 ·············· 79
二、CBP 标准关键信息解读——食用量、食用人群 ·············· 80

第十一章 CBP 的应用前景 ·············· 83

一、CBP 在日韩的应用 ·· 83
　　二、CBP 在国内的应用 ·· 88

第十二章　如何选择更好的 CBP 产品 ·································· 92
　　一、选择 CBP 乳制品 ·· 92
　　二、选择 CBP 营养品 ·· 93
　　三、推动中国 CBP 产业进步的力量 ·································· 94

第十三章　好习惯让 CBP 骨能量更强 ·································· 95

附　录　《中国儿童维生素 A、维生素 D 临床应用专家共识》
　　　　　核心摘要 ··· 98

参考文献 ·· 102

后　记　为国人加"骨劲",让孩子"高人一等" ······················· 105

绪 论

人类骨骼健康的关键指标——骨密度

骨骼起着支撑身体的作用，是人体运动系统的一部分，具有运动、支撑和保护身体、制造红细胞和白细胞、储藏营养物质等功能。因此，骨骼健康对身体健康具有重要的作用。本书以骨骼健康的一个重要评价标准——骨密度为基础，以当前国民关注的初乳碱性蛋白（colostrum basic protein, CBP）为研究对象，深入浅出地从CBP对儿童青少年、孕产妇、更年期女性、中老年人骨骼生长发育、骨骼健康的影响，以及CBP对骨骼健康问题的防治、CBP的市场发展前景等方面为读者进行科普解读。

为什么选取骨密度来进行骨骼健康的科普介绍呢？

在对骨密度进行介绍之前，先简要了解一下骨骼组织。骨骼组织是一种密实的结缔组织，由各种不同的形状组成，有复杂的内在和外在结构，使骨骼在减轻重量的同时能够保持坚硬。骨骼的主要成分是矿物质化的骨骼组织，其内部是坚硬的蜂巢状立体结构，而评价骨骼健康情况的一个关键指标就是骨密度。

骨密度是反映单位面积（或体积）骨骼组织中骨矿物质等物质含量的一个医学术语。但是，医学上的骨密度不等同于物理学的"密度"。在物理学中，把某种物质单位体积的质量叫作该物质的密度；而骨密度因为测量技术的缘故，所反映的是测量面骨矿物质的含量（克/平方厘米）。

骨密度在很大程度上受遗传因素影响，如非洲人的骨密度会高于亚洲人。然而，任何个体的骨密度都是20～30岁所形成的峰值骨量和随年龄增长过程中骨丢失量两者的综合结果。因此，骨密度属于反映骨量减少或骨质疏松程度、预测骨折风险的一个重要指标。

骨密度从儿童时期开始增加，约 25 岁达到峰值，然后保持 10 年左右；35 岁以后每年以 0.3%～0.5% 的速率降低。所以，维持稳定健康的骨密度对骨骼健康（尤其是对中老年与青少年人群的骨骼健康）非常重要。容易出现骨骼疾病的中老年人，建议适量补充一些预防骨质疏松的保健品，增加骨骼所需营养，强健骨骼。处于长高关键时期的儿童与青少年，更应该加强对骨骼健康（尤其是骨密度指标）的关注，适时适量补充长高的营养元素。

人体的全部重量均由骨骼支撑负载，部分人群经常腰酸背痛，其实是因为骨骼健康出现了问题，骨骼疾病患者一定要及时检查治疗。骨骼健康可以通过 3 个方面（骨密度、骨质量、骨强度，主要为骨密度）进行测评。研究表明，CBP 骨能量对提升骨密度具有显著作用，可作用于骨骼，提升成骨细胞活性，降低破骨细胞的活跃度，从而让骨骼主动吸收钙。

2021 年 8 月，华南理工大学食品科学与工程学院联合培芝健康中心组织了一次"90 天 CBP 骨能量体验计划"，共有包括华南理工大学教职工在内的 31 位受试者参与测试。检测及统计结果显示，约 90% 的受试者骨量得到了改善或维持良好状态，其中效果显著的约占 65%。在骨量改善的受试者中，从骨量减少到骨量恢复正常的约 10%，骨量减少情况有改善的约 29%，骨质疏松有改善的约 19%。可见，CBP 骨能量对提升骨质有促进作用。在日本和韩国，CBP 有关产品非常普遍，而我国对 CBP 的研究和应用才刚刚开始，深入研究初乳碱性蛋白 CBP 与骨骼健康的关系是一项非常有意义的课题。

第一章 中国居民骨骼健康调查

《国民营养计划（2017—2030年）》将全民骨骼健康列为重点，其中儿童青少年和中老年人的骨骼健康尤为值得重点关注。

骨骼健康与我们一辈子的幸福生活息息相关。对于儿童青少年而言，骨骼健康关乎身高，因为儿童青少年时期是骨骼生长、发育及骨量形成的关键时期，除了遗传因素，营养与膳食补充是促进身体生长和骨质健康的重要保障。而对于中老年人群，影响骨骼健康最大的问题就是骨质疏松。骨质疏松症俨然已成为影响居民健康的最常见的骨骼疾病。骨质疏松症早期通常没有明显的临床表现，如果不加以重视，随着病情的进展可导致疼痛、脊柱变形和骨折等情况，致残致死率高，严重影响患者生活质量，也将造成巨大的医疗和照护成本。

一、儿童青少年骨骼健康与身高的调查

儿童青少年期是人体骨骼发育的黄金时期，骨骼是否健康发育影响成年后的身高。不同年龄阶段的骨骼生长存在不均衡性，遗传因素、营养状况、疾病、外界环境、药物等诸多因素均能影响骨骼的发育过程。

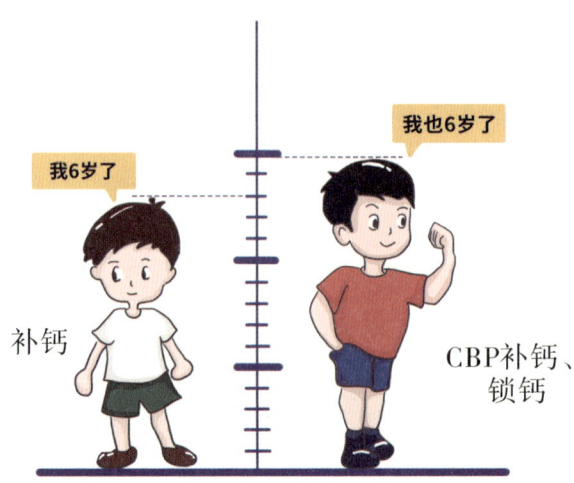

2018年9月3日，中国儿童少年基金会（以下简称"儿基会"）公布了《中国儿童身高管理现状调研报告》，报告显示，50%以上的孩子未达到遗传身高，而且接近80%的孩子不能达到父母的预期身高。值得关注的是，调研数据进一步表明，基因不是决定身高的唯一因素，营养状况及生活环境对身高的影响也很显著。

同时儿基会为提升国民对儿童身高管理而发起了一项线上调研，共收集全国各地8842份反馈问卷，涵盖了儿童阶段的各个年龄层次，样本覆盖了东部、中部及西部地区的城市和农村。调查结果出乎儿基会专家的意料，结果显示（见图1-1a），47.2%的儿童身高位于平均水平，而30.8%的儿童身高处于中下或生长迟缓水平，尤其需要关注的是，调研对象中有54.2%的儿童当前身高水平未达到遗传身高。此外，有79.70%的儿童预计不能达到父母的预期身高。

根据2018年5月于肇庆召开的第29个"全国学生营养日"大会上公布的《中国儿童少年营养与健康报告2018——青少年身体活动与骨骼健康》报告显示，体质健康与青少年骨骼健康密切相关。

如图1-1b所示，自2000年以来，我国城乡7~18岁学生的身体形态发育水平均逐渐提高，男女学生平均身高分别增加3.4厘米和2.8厘米，平均体重分别增加5.1千克和3.7千克。

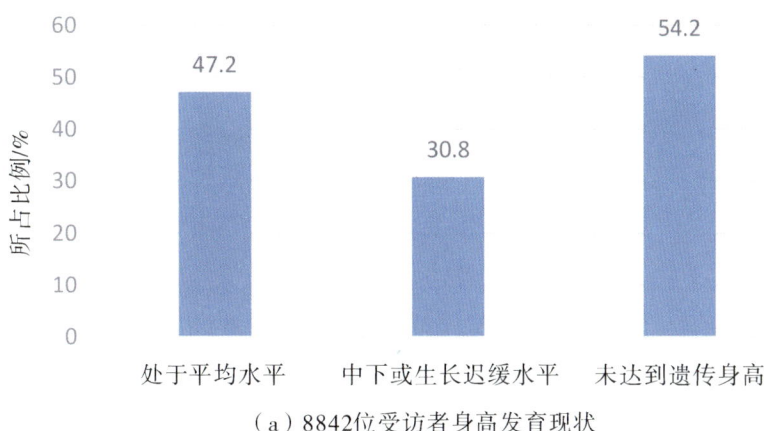

（a）8842位受访者身高发育现状

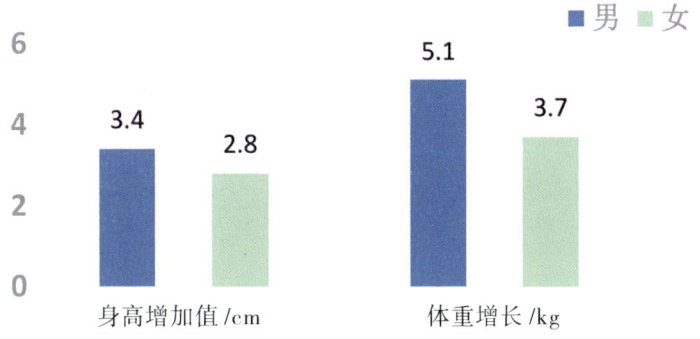

（b）2000—2018我国城乡7～18岁学生身高体重变化

图1-1 《中国儿童身高管理现状调研报告》身高调查结果

一面是很多孩子低于平均身高，一面是中国孩子平均身高大幅提升。2022年1月，新华社客户端发布了一篇报道，该文引述了权威医学期刊《柳叶刀》上的最新研究，研究显示：1985年到2019年间，中国19岁男性平均身高增幅世界第一，增加近8厘米，达到175.7厘米；19岁女性平均身高增幅排世界第三，增加近6厘米，达到163.5厘米，双双超过日韩成为东亚第一，如图1-2所示。

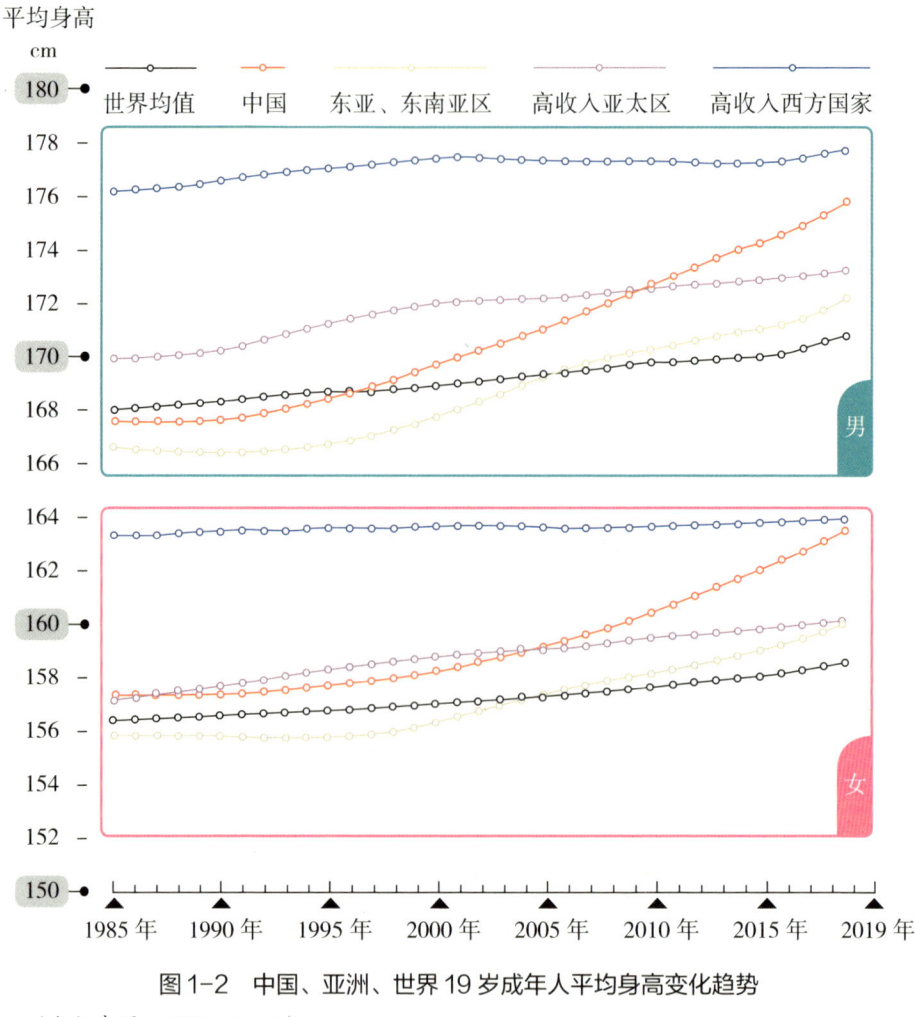

图 1-2　中国、亚洲、世界 19 岁成年人平均身高变化趋势

（数据来源：NCD-RisC）

根据 2018 年《中国儿童身高管理现状调研报告》的结果，当前，家长对儿童的未来身高抱有较高的期许，如图 1-3a 所示，<u>91.2% 的父母希望男孩长到 175 厘米以上，82.7% 的父母希望女孩能长到 165 厘米以上，平均期望身高超过遗传身高 6 厘米</u>。然而，若按照目前的身高预测，<u>79.7% 的儿童未来身高大概率达不到父母的期望值</u>（见图 1-3b）。令人担忧的是，家长们并未意识到这个问题。调研显示，超七成家长对儿童目前身高持满意态度，半数以上儿童身高水平在遗传身高水平之下，家长却浑然不知。

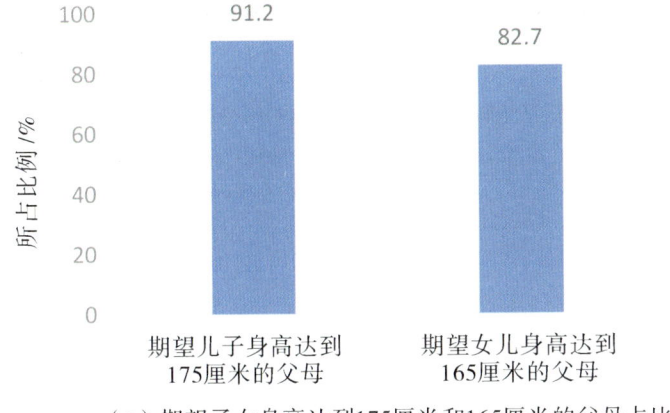

（a）期望子女身高达到175厘米和165厘米的父母占比

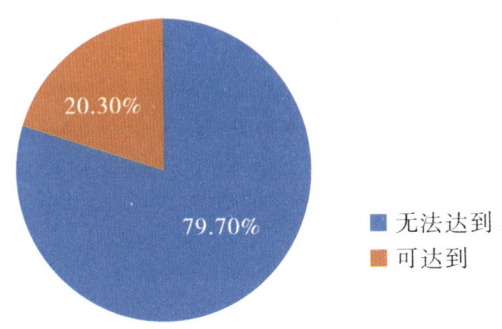

（b）预计身高达到父母的预期身高的情况

图1-3 《中国儿童身高管理现状调研报告》父母对子女身高的期望结果

二、中老年人群骨骼健康调查

2018年10月19日，国家卫生健康委员会公开发布了首个中国骨质疏松症流行病学调查结果。结果显示：骨质疏松症已成为我国中老年人群的重要健康问题，50岁以上人群骨质疏松症患病率为19.2%，中老年女性骨质疏松问题尤甚，50岁以上女性患病率达32.1%，远高于同龄男性的6%，而65岁以上女性骨质疏松症患病率更是达到了51.6%。此外，我国男性骨质疏松症患病率与各国差异不大，但女性患病率显著高于欧美国家。

调查还指出，我国低骨量人群庞大，这些人群是骨质疏松症的高危人群。低骨量人群指的是与同性别、同种族健康成人的骨峰值均值相比，骨密度降低程度介于1～2.5个标准差者。调查显示（见图1-4），我国40～49岁人群低骨量率达到32.9%，其中男性为34.4%、女性为31.4%，城市地区为31.2%、农村地区为33.9%。50岁以上人群低骨量率为46.4%，其中男性为46.9%、女性为45.9%，城市地区为45.4%、农村地区为46.9%。

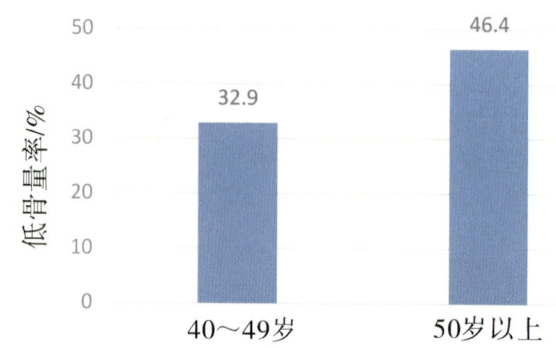

（a）我国40～49岁和50岁以上人群的低骨量率

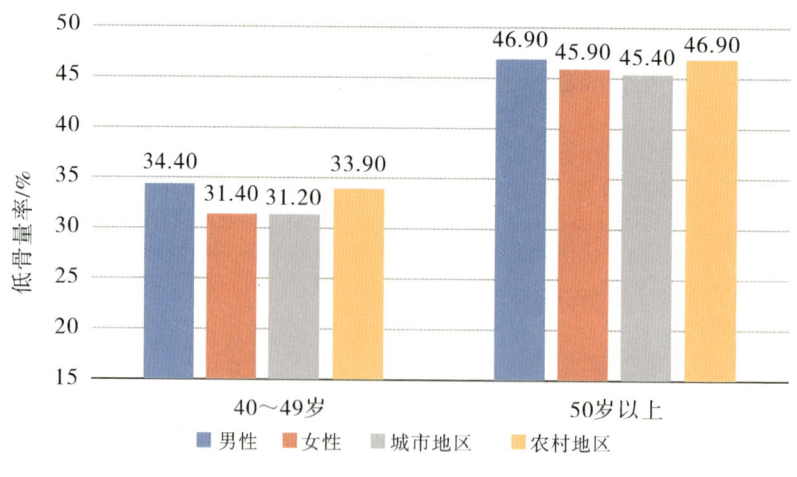

（b）40～49岁和50岁以上低骨量人群的性别和城乡分布

图1-4 国家卫健委发布的中国居民骨质疏松症流行病学调查结果

据国家卫健委2018年发布的《中国骨质疏松症流行病学调查结果》显示，在未患骨质疏松症的人群中，40～49岁人群低骨量率达到34.0%，其中男性为35.2%、女性为32.8%；50岁以上人群低骨量率为57.4%，其中男性为49.9%、女性为67.6%，骨量偏低的情况非常普遍。

50岁以后低骨量率和骨质疏松症患病率开始增高，女性尤甚，主要是由于女性在50岁以后多数进入绝经期，雌激素水平显著下降，骨量开始大量丢失；男性50岁以后雄性激素水平和肌量的下降也导致了骨量的流失。65岁以后骨质疏松症患病率显著增高，主要与增龄所致的多种激素水平异常、肠钙吸收功能下降、维生素D合成和活化不足、肾功能减退和体内氧化应激水平过高等密切相关。同时，骨质疏松症的发生也与生活方式密切相关，不平衡膳食、久坐生活方式、日照过少、吸烟、饮酒、药物使用等均可导致骨质疏松症发生风险的增加。随着我国城市化、人口老龄化进程的不断加快和不健康生活方式的广泛流行，骨质疏松症防控形势将日益严峻。

社会大众对骨质疏松症的认知水平及骨密度检测率较低也是导致我国低骨量人群庞大的重要原因。由于低骨量状态和骨质疏松症前期通常没有明显的临床表现，加之公众对骨质疏松症预防的重要性认识不足，骨密度检测率较低，大部分居民在骨量下降初期没有及时采取防控措施来预防和延缓骨质疏松症的发生，而是在出现疼痛、脊柱变形和骨折等情况后才发现自己患病。另外，目前基层医疗卫生机构对骨质疏松症的检测诊断能力不足，也影响了低骨量人群和骨质疏松症患者的早期发现。

从上述调查报告可知，全民对骨骼健康的关注度亟待提升。为"健康中国2030"的顺利实现，务必提高大家对骨密度的认识，尤其是应当普及骨密度检测。骨骼健康，关乎终身健康！

第二章 骨骼生长的关键营养素

当父母发现孩子身高明显低于同龄人时，往往会非常焦虑，因为身高对孩子的自信心、交友、就业等都可能产生影响，关系孩子一生的幸福。因此，父母会想尽一切办法努力去改变，上海、北京等一线城市的三甲儿童医院内分泌科常年门庭若市、一号难求。

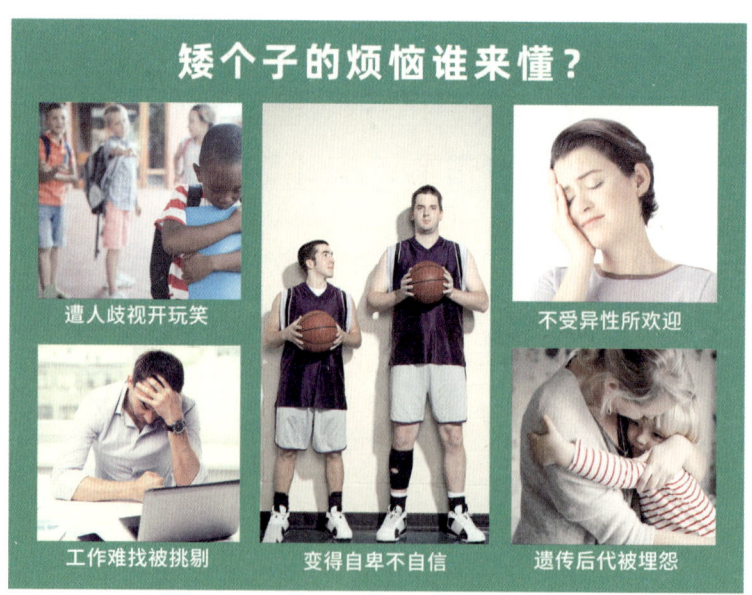

一、让孩子多长高10厘米

大家都知道身高与遗传有关，遗传因素决定身高的70%，营养、睡眠、运动、情绪等后天因素对身高的影响能达到30%。

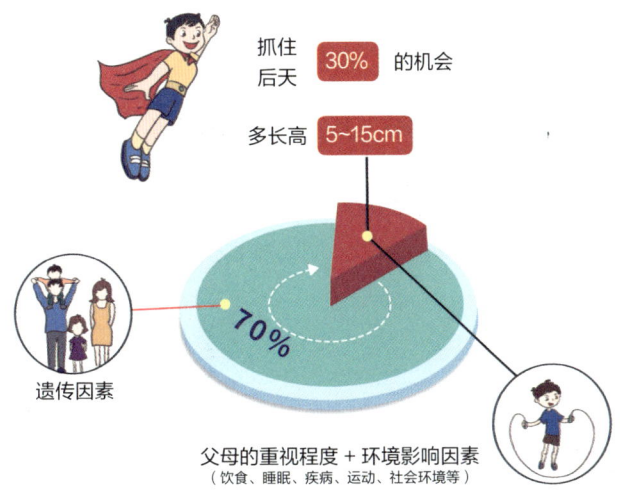

世界卫生组织发布的亚洲人身高预测公式如下所示：

男性身高=(父亲身高+母亲身高+13)÷2 ± 7.5 cm

女性身高=(父亲身高+母亲身高−13)÷2 ± 7.5 cm

预测公式最后的"±7.5 cm"的意思是，如果孩子在后天环境中受到了很好的干预、成长潜力得到充分的挖掘，身高就可能 +7.5 厘米；反之，如果孩子的后天成长环境不佳，身高就可能 −7.5 厘米，所以后天因素的影响，会让孩子的身高整整相差 15 厘米。

在现实生活中，父母都比较矮，但其孩子通过后天干预，充分激发后天的成长潜能而长成大高个儿，这也是很常见的。

北京协和医院内分泌科主任医师潘慧教授编写的《协和专家说长高：让孩子多长 10 厘米》一书中提到，通过后天的努力，有机会让孩子比预期多长高 10~20 厘米，其中特别提到营养干预非常重要。

二、常见的骨骼营养物质

生物体的生长均需在营养素的促进下进行，只不过不同的生长时期所需营养素存在一定的差异。这些营养素的存在可促进各项生理活动的进行、修护机体各器官组织。骨骼作为支撑人体各器官的主要物质，其生长与代谢离不开人体营养素，只有摄入足量的骨骼生长关键营养素，才可以留住大量骨骼生长因子，使骨骼更加强壮健康。

骨骼生长所需的常见营养物质包括钙、磷、维生素、蛋白质等，在这里简要对这几种骨骼生长营养物质进行介绍。

1. 钙

骨头的重量一般占人体总重的五分之一左右。钙是构成骨骼的重要成分，对保证骨骼的正常生长发育和维持骨健康起着至关重要的作用。正常人体内钙的含量为1200~1400克，占人体重量的1.5%~2.0%，其中99%存在于骨骼和牙齿之中。在不同的年龄阶段，人体的骨转换率（骨吸收和骨形成的速率）有很大的差异。20岁以前，主要为骨骼的生长阶段，其后的十余年骨质持续增加，在35~40岁，单位体积内骨质达到顶峰，称为峰值骨度，此后骨质逐渐丢失。

婴幼儿阶段：1岁以前的婴儿每年的骨转换率为100%，此后逐渐降低至每年可转换50%，即每2年骨钙更新一次。

儿童阶段：每年的骨转换率为10%，由于儿童时期生长发育旺盛，对钙的需求量大，如长期摄入钙不足，将引起生长迟缓、新骨结构异常、骨钙化不良、骨骼变形，发生佝偻病。

年轻成人：骨吸收与骨形成维持平衡，每年的骨转换率为5%。

40岁以后：骨形成明显减弱，每年的骨转换率为0.7%。

老年阶段：随着机体老化，体内激素水平下降导致骨代谢失衡，骨转化率低，此时骨破坏大于骨形成，因此老年阶段最容易缺钙。

钙摄入量不足时，可引起青少年生长发育迟缓、成人骨质疏松症或骨软化症，但钙摄入量不足不等于缺钙。我国居民由于饮食结构、地域等因素的影响，经常有钙摄入量不足的情况。国务院新闻办公室于2020年12月23日发布的《中国居民营养与慢性病状况报告（2020年）》表明：①中国成人平均身高继续增长。18~44岁中国男性平均身高169.7厘米，中国女性平均身高158.0厘米，与2015年发布结果相比分别增加1.2厘米和0.8厘米。②居民不健康的生活方式仍然普遍存在。水果、豆类及豆制品、奶类消费量仍然偏低，通过膳食摄入的维生素A、钙等不足的情况依然存在。

由于钙摄入量长期低于适宜摄入量，所以在我国居民中存在一群体流行链，在此流行链中影响最深的是孕妇人群（见图2-1）。因此，如要从根本上消除上述流行链，首要措施就是加强孕妇营养，尤其是注意膳食钙的摄入。

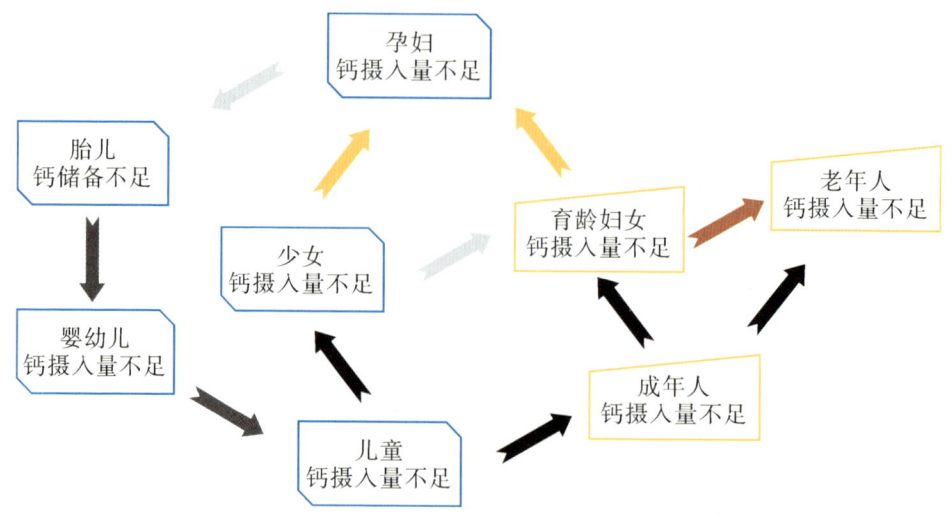

图2-1　我国居民钙摄入量不足的流行链

（资料来源：马贤才.儿童骨健康[M].北京：人民卫生出版社，2007）

以下人群是重点补钙人群。这些人群不仅要补钙，而且要关注钙的吸收情况。

（1）儿童青少年。父母都希望孩子"高人一等"，缺钙体质会影响儿童青少年身高。除遗传因素外，孩子的身高受后天环境的影响占比30%。如果儿童青少年成骨细胞活性弱，就会导致缺钙体质，从而影响骨骼生长。

（2）孕产期女性。中国女性都有坐月子的习惯，坐好月子的关键是骨骼的恢复。产后补钙效果往往比较差，因为产后女性在月子期间几乎足不出户，运动少、光照少，加上孕期和哺乳期大量钙流失，以及产后体内激素变化导致成骨细胞活性弱、骨骼对钙的吸收变差。因此，产后女性极易出现生理性缺钙，从而导致产后骨质疏松，留下"月子病"，影响终身健康。

（3）更年期女性。更年期女性是骨质疏松的高发人群。更年期一般持续2~3年，由于体内雌性激素的变化，骨骼中成骨细胞的活性减弱，引起大量的钙流失，骨密度降低，闭经后骨质疏松的概率明显提升。

（4）老年人。在某种意义上来说，骨骼的质量决定老年生活的质量，为提高老年生活的幸福指数，预防老年骨质疏松是关键。随着年龄的增加，老年人骨骼中成骨细胞的活性逐步减弱，钙吸收能力变差，流失速度加快，从而逐步导致骨质疏松。但是，骨量储备好、成骨细胞活性保持较好的老年人，即便到了80岁，同样可以保持相对健康的骨骼。

2. 磷

磷和钙都是人体骨骼和牙齿的重要构成元素，具有调节骨细胞活性、促进骨基质合成与骨矿物质的沉积、抑制骨吸收的作用。正常成年人骨骼中的含磷总量为600~900克。此外，磷还是机体软组织结构的重要成分。

钙和磷通过骨矿化和骨吸收同时进行生理过程，形成坚固的骨骼，支撑着整个身体。如果把骨骼比作一栋大厦，那么钙和磷就像砖块，一块一块地堆砌，慢慢建成了坚硬的骨骼。

缺磷会引起骨骼、牙齿发育不正常，引发骨质疏松、软骨病、食欲不振等症状。虽然磷元素很重要，但每日膳食中有很丰富的磷，磷缺乏是较为少见的，所以一般不需要补充。含磷高的食物有牛奶、虾、巧克力、蛋黄、动物内脏、豆腐、酵母、全谷类、坚果类等。中国营养学会制定的"中国居民膳食营养素参考摄入量"中，成人的磷适宜摄入量（AI）为700~720毫克/日。

3. 维生素D

维生素在人体生长、代谢、发育过程中均具有重要作用，它们一般以"生物活性物质"的形式存在于人体组织中。维生素对于骨骼生长的重要性不亚于矿物质，是另一种类型的营养促进剂。维生素D是人体能自身合成的维生素，可促进人体对钙的吸收，提高骨质沉淀密度，防止血钙流失。

研究表明，人体内90%的维生素D通过皮肤经阳光中的紫外线照射后自身合成；其余10%通过食物摄取获得，比如蘑菇、海产品、动物肝脏、蛋黄和瘦肉等食物。所以，补充维生素D最安全、有效、经济的方法是晒太阳。美国的一项研究表明，天气晴朗时，正午前后两小时内，不擦防晒霜，暴露40%以上的皮肤晒太阳，每天晒5~15分钟便足以补充人体所需的维生素D。需要注意的是，隔着玻璃晒太阳不能达到补充维生素D的效果，最好多进行户外运动。

在维生素D和甲状旁腺激素的协同作用下，人体的血钙水平可稳定维持在相应的范围内。鉴于钙在人体的主要作用，维生素D也被认定为是维持和调控机体代谢的重要营养素。其在骨骼生长代谢方面的主要作用如下：

（1）充分利用膳食钙，促进钙吸收，维持钙平衡。

（2）启动骨代谢，促进骨矿物质的转换。

（3）改善肾小管对钙、磷的吸收，加速骨骼生成。

（4）抑制甲状旁腺激素的释放，维持骨钙稳定。

（5）促进骨骼细胞增殖分化，加速骨骼形成。

（6）调控人体免疫应答反应。

（7）促进可结合钙的蛋白质合成，加速胞内蛋白质与钙的结合，降低胞内钙浓度，预防钙超载引起的危害。

需要指出的是，0~6岁的婴幼儿和儿童，维生素D、维生素A缺乏往往伴随发生。维生素A可提高维生素D的生物活性，对孩子生长发育发挥更强的作用。《中国儿童维生素A、维生素D临床应用专家共识》指出，对于0~6岁儿童，维生素A、维生素D同补要优于单纯补充维生素D。维生素A、维生素D对婴幼儿成长的重要性将在第五章中详细介绍。

4. 维生素 K_2

维生素 K 又叫凝血维生素，属于维生素的一种，具有叶绿醌生物活性，最早于 1929 年由丹麦化学家达姆从动物肝和麻子油中发现并提取。维生素 K 包括 K_1、K_2、K_3、K_4 等几种形式，其中 K_1、K_2 是天然存在的，属于脂溶性维生素；而 K_3、K_4 是通过人工合成的，是水溶性的维生素。

维生素 K_2 也称甲基萘醌（menaquinone），是一种内源性脂溶性维生素，是维生素 K（K_1、K_2、K_3、K_4）中唯一具有生物活性的物质。

1943 年的诺贝尔生理学或医学奖颁发给了丹麦的达姆和美国的多伊西，以褒扬前者发现维生素 K，后者发现维生素 K 的化学性质。在很长的一段时间里，人们一直关注的是维生素 K 的凝血作用，直至 1975 年科学家们才发现维生素 K_2 在骨代谢中的重要作用。

亨利克·达姆

爱德华·阿德尔伯特·多伊西

维生素 K_2 与儿童青少年健康息息相关。儿童生长发育期间，需更多维生素 K_2 来促进生长。维生素 K_2 摄入不足，会严重影响骨钙素的羧化及钙在骨骼中的矿化，从而损害骨骼健康。

健康的牙齿也需要维生素 K_2。维生素 K_2 可以将血钙引导至骨骼、牙齿等部位，从而让骨骼和牙齿更强壮，增强牙齿的防龋能力。

2017年《中国食品学报》第6期刊发了《体内维生素K_2水平含量较低将会增加儿童骨折的风险》的研究论文，研究结果表明，儿童的骨骼中所需维生素K_2水平比成年人要高8~10倍，骨折儿童体内维生素K_2比非骨折组要低近50%（见图2-2）。在德国维尔茨堡举行的国际儿童骨骼健康会议上提出的一项最新研究亦表明，体内维生素K_2水平低的儿童，其骨折的风险较高。

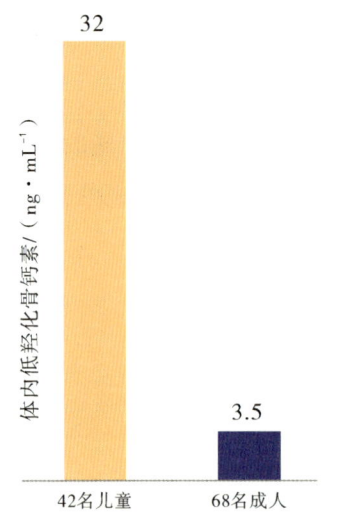
（a）儿童的骨骼中所需维生素K_2水平比成年人高8~10倍

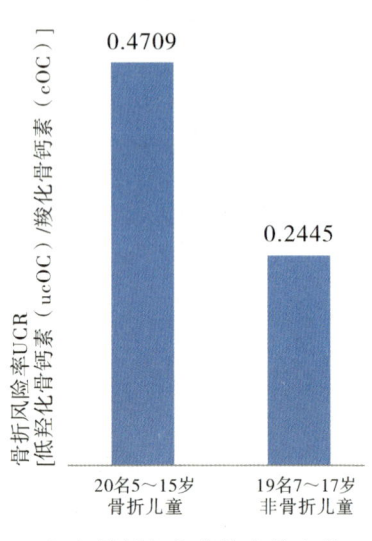
（b）骨折组儿童体内维生素K_2比非骨折组低近50%

图2-2　儿童所需维生素K_2水平及其与骨折的相关性

（资料来源：侯威.体内维生素K_2水平含量较低会增加儿童骨折的风险［J］.中国食品学报，2017,17（6）:1.）

维生素K_2被誉为"铂金"维生素。维生素K_2虽然是一种可以由人体自身肠道有益菌群产生的内源性维生素，但产量较低，来源稀少。"领钙回家，化钙成骨"，充分概括了维生素K_2对成长发育期的儿童青少年的重要性。另外，孕产妇也是需要补充维生素K_2的重点人群，这是因为妈妈是宝宝最天然的维生素K_2的来源，补充维生素K_2不仅可以减小流产概率，还有利于骨骼吸收钙。

补钙关键在"领钙入骨"
维生素K₂,让钙补进骨骼里!

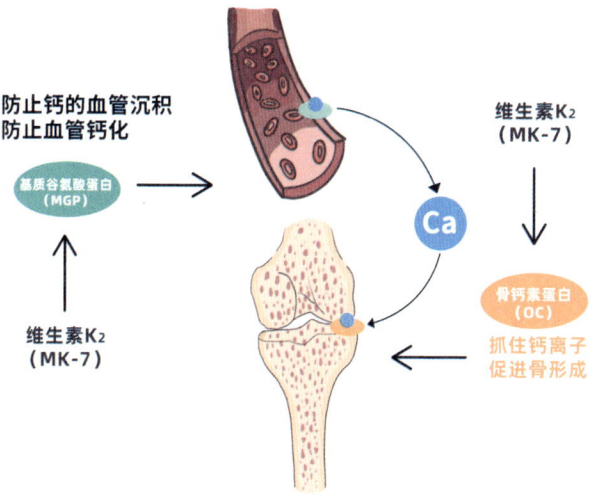

5. 蛋白质

蛋白质是构成人体细胞的重要物质,也是骨骼生长代谢所需的一种关键营养素,对维持骨骼的健康有重要的作用。<u>骨骼中22%的成分都是蛋白质,蛋白质的存在保证人的骨头像混凝土一样,硬而不脆、有韧性,提高对外力的冲击耐受性。</u>同时,氨基酸和多肽也有利于钙的吸收。

蛋白质可以促进体内骨骼生长因子的分泌,并参与骨细胞分化、骨的形成、骨的再建和更新等过程;另外,骨钙素、人骨特异生长因子等物质需要有蛋白质参与才能合成。因此,蛋白质是骨骼生长发育中重要的化合物,也是青少年增高的重要营养原料。如果长期蛋白质摄入不足,不仅使人的新骨形成受阻,还容易导致骨质疏松。研究发现,不爱吃肉、豆制品等食物,长期缺乏蛋白质的人,容易发生髋骨骨折。因此,常吃富含胶原蛋白和弹性蛋白的食物,比如牛奶、蛋类、核桃、肉皮、鱼皮、猪蹄胶冻等,对骨骼健康非常有益。但是,需要注意的是,健康人群不需要额外服用蛋白粉等保健品,蛋白质摄取过多反而对骨骼不利,会使人体血液酸度增加,加速骨骼中钙的溶解和尿中钙的排泄。

6. 其它骨骼营养

支持儿童生长，维生素 A、锌等也是骨骼健康非常重要的营养物质。此外，葡萄糖胺、胶原蛋白等亦是改善骨质密度的营养素，是构成软骨组织、成骨细胞的重要物质外，还可起到润滑关节，使关节更灵活的作用，同时预防腰酸背痛、四肢僵硬等现象。

在日常生活中，可适当补充身体需要的骨骼营养因子，维护骨骼健康。同时，我们也需明白骨骼的健康是各种因素协同作用的结果，在合理摄入所需营养因子的同时，还得养成经常运动锻炼的习惯，加快骨骼营养代谢，才能更好地维护骨骼健康，达到增高、强身健体的最佳效果。

三、长高营养新发现——CBP

在传统营养研究的基础上，人类探寻更安全、有效的骨骼营养物质的脚步从未停止，并在牛奶和牛初乳中发现了初乳碱性蛋白（colostrum basic protein, CBP），以及其对增加骨密度、骨长度的促进作用。

2009 年，原中华人民共和国卫生部发布第 12 号公告，批准 CBP 为新资源食品，正式确立了 CBP 的应用标准。

CBP 的发现，改变了人们对骨骼营养和长高营养的认识。

世界著名的骨骼营养专家、新西兰梅西大学的克鲁格·马莱娜教授认为：从牛初乳中分离出的小分子活性蛋白 CBP 或将掀起一场健骨革命。

克鲁格·马莱娜教授将骨保健划分为三个阶段：第一阶段是单纯补钙。第二阶段是补钙加补充促进钙吸收的功能因子，目前几乎所有的健骨产品都处于第二阶段。而 CBP 的发现，则开创了人类骨骼保健的全新时代，即第三阶段——骨骼的全面修复及再生阶段。

在孩子身高的后天影响因素中，营养至关重要。随着物质条件的改善，我国儿童的基础营养已经有了充分保障，"高人一等"、聪慧过人、追求更高营养则成为新需求。在此背景下，2009 年被国家列为新资源食品的初乳碱性蛋白 CBP 获得了空前的关注，其应用市场前景被深度挖掘。

第三章 CBP：天然的骨骼生长因子

一、什么是CBP

CBP是初乳碱性蛋白的英文 colostrum basic protein 首字母缩写。

CBP不是单一营养物质，而是牛初乳中包括绝大多数生长因子的一类活性蛋白的组合，可作用于骨骼细胞，协调成骨细胞和破骨细胞的活动，保持二者的动态平衡，促进骨骼生长，修复骨质，提高骨密度。

根据国家新资源食品公告的说明，初乳碱性蛋白粉CBP的来源为牛初乳，蛋白质含量≥80%，1～30 kDa[①] 分子量比例≥50%。

而牛初乳中生长因子的分子量主要集中在1～30 kDa区间，包含了血小板衍生生长因子（PDGF）、转化生长因子（TGF）、胰岛素样生长因子（IGFs）、表皮细胞生长因子（EGF）等多种生长因子。

常规牛初乳主要采集母牛分娩后7天内的乳汁，相对免疫球蛋白IgG含量而言，CBP含量偏低，所以IgG含量成为主要关注指标，忽略了牛初乳另一类重要活性蛋白CBP的含量。

随着牛初乳科学研究和生产技术的不断进步，科学研究发现，24小时内采集的牛初乳不但具有高原生营养物质和更高的生物活性，利用先进的超滤膜分离技术，其CBP的含量可达到或者超过免疫球蛋白IgG的含量，这将改变大众对牛初乳单一免疫功效的认知。

---

① kDa为生物学中常用的原子质量单位，1Da为碳12原子质量的1/12。

品名	普通牛初乳			APS24牛初乳
	6020I	7025I	7035I	702050C
蛋白质含量	60%	70%	70%	70%
IgG含量	20%	25%	35%	20%
CBP占总蛋白质含量	—	—	—	50%
脂肪含量	<5%	<5%	<5%	<5%
应用	食品（婴幼儿配方食品除外）、保健品、宠物食品			
法规	RHB 602—2005《牛初乳粉》：蛋白质含量≥40%，IgG含量≥15%，脂肪含量≤5%			

1. CBP骨能量

科学研究表明，CBP是分子质量仅有1～30 kDa的活性蛋白，可直接作用于骨骼细胞，促进成骨细胞增殖，极大增强钙质的吸收利用，与钙结合能有效增加人体骨密度及儿童青少年的骨长度。CBP为骨骼健康注入新的能量，此机理被称为CBP骨能量。

2. 90天CBP骨能量体验测试

2021年8月至11月，华南理工大学食品科学与工程学院联合培芝健康中心组织了一次"90天CBP骨能量体验计划"，对31位受试者进行了测试实验。

测试开始前，全体受试者在三甲医院和专业检测机构进行了骨密度检测，并在随后的90天坚持每天补充100毫克CBP，90天后再次进行骨密度检测。研究人员对前后两次的检测数据进行了对比，结果如图3-1所示。

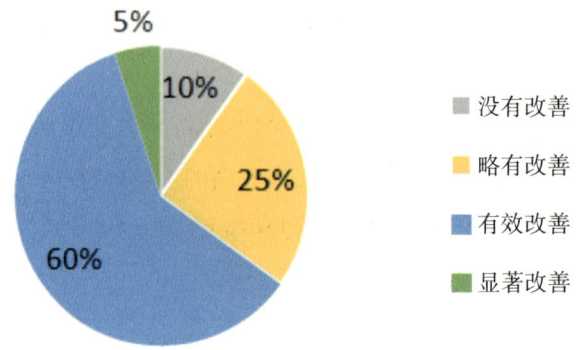

图3-1 受试者补充CBP后骨质改善效果

第三章　CBP：天然的骨骼生长因子

统计检测结果显示，约 90% 的受试者骨量得到了改善或维持良好状态，其中效果显著的约占 65%。在骨量改善的受试者中，从骨量减少到骨量恢复正常的约 10%，骨量减少情况有改善的约 29%，骨质疏松有改善的约 19%。

有两位 40 岁的受试者，食用 CBP 产品之前骨密度的 T 值 > -1.8，诊断结果为：骨量减少；食用 CBP 三个月后，再次检测骨密度，骨密度 T 值 > -1.0，恢复到正常骨密度。

华南理工大学食品科学与工程学院的此次测试表明（见图 3-2），无论是骨量减少的受试者，还是骨量正常的受试者，通过连续 3 个月每天食用 100 毫克 CBP，均可对骨质起到提升或保护作用。

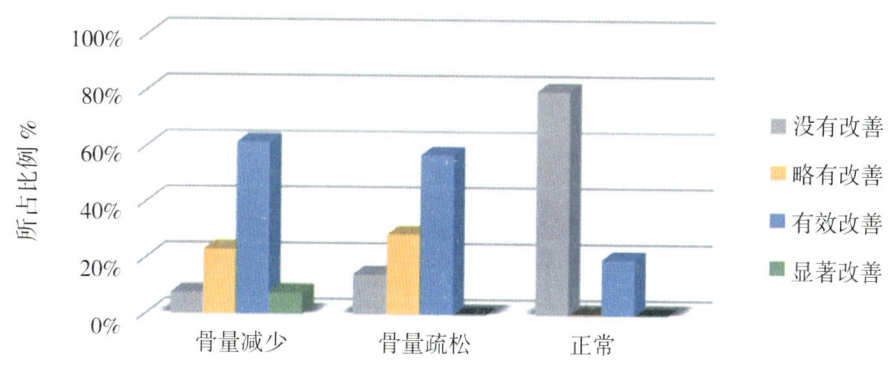

图 3-2　不同骨健康状态的受试者服用 CBP 后的改善情况

3. 改善线性生长迟缓的临床测试

在 Beirut 等人进行的一项前瞻性随机对照试验中，267 名健康的 9 个月幼儿在 3 个月的时间内补充富含 CBP 的 APS24 牛初乳和全蛋粉，与对照组相比，牛初乳组幼儿的线性生长迟缓发生率比对照组更低，这一结果在持续监测至孩子 17 个月龄时一直如此。实验结果如图 3-3 所示。

另外，在此之前的先导试验中，儿童补充全蛋粉，但没有补充 APS24 牛初乳，试验最后产生了混合的、不一致的结果，这表明 APS24 牛初乳是这些结果所必需的。

因此，Bierut 等人认为 APS24 牛初乳及其生物活性成分可能是改善孩子发育迟缓的重要原因。

牛初乳临床：
改善线性生长迟缓[37]

该试验研究了马拉维婴儿每日补充APS24(CBP)牛初乳/蛋粉对改善线性生长迟缓和环境性肠功能障碍(EED)的作用，试验在267名9月龄婴儿中进行。

干预方式

- 牛初乳/蛋粉组：
  APS24(CBP)牛初乳5.7g+蛋粉4.3g/次
- 对照组：
  玉米/大豆粉15g/次
- 干预周期：
  每天2次，干预3个月

试验结果
在马拉维婴儿的补充喂养中，添APS24(CBP)牛初乳/蛋粉有助减少线性生长迟缓，改善严重环境性肠功能障碍。

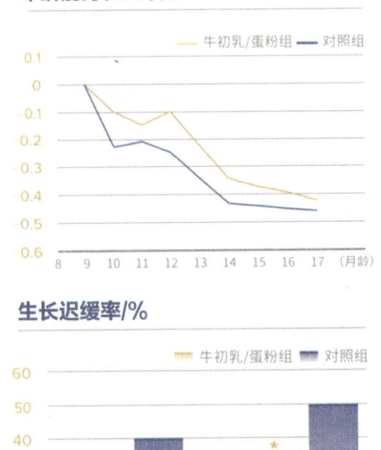

图 3-3　APS24 牛初乳改善线性生长迟缓的临床实验结果

4. 如何快速补充 CBP

"如何提升骨密度？"这是很多人咨询医生的问题。大多数医生会建议多喝牛奶，因为牛奶含有丰富的钙和蛋白质，有利于补钙。

研究发现，喝牛奶对于普通人群补钙非常有效，但对于骨密度已经下降的人群，通过喝牛奶提升骨密度的效果极其缓慢。一项日本的临床试验证明，牛奶中含有的CBP是提升骨密度的关键，它可提升成骨细胞的活性，让骨骼主动吸收钙，从而提升骨密度。因此，建议牛奶搭配CBP，这对快速提升骨密度效果更加显著。

那么，是否每天饮用新鲜牛奶就可以了呢？在回答这个问题之前，我们有必要先了解 CBP 在牛奶中的含量。

前面述及，普通牛奶中 CBP 的含量非常低，只有万分之零点一五。而日本的临床测试证明，CBP 具有显著提升骨密度效果的摄入量为每天 60 毫克。这就意味着要摄入 60 毫克的 CBP，需要喝 52 千克的牛奶，相当于一个成年人的体重。换句话说，要达到试验的效果，则需每天喝 52 千克的牛奶，这显然是做不到的。

牛初乳中的CBP比普通牛奶要高出很多,但要提取100毫克的CBP原料也需要很多普通牛初乳,或摄入286毫克经过超滤工艺生产CBP含量达35%的牛初乳。

因此,将CBP从牛奶或牛初乳中提炼出来,或将含有高含量CBP的牛初乳添加到相关产品中,是两种高效快速补充CBP的方式。

1.4吨鲜牛奶的CBP含量

此外,牛初乳中也含有丰富的酪蛋白。本书编写团队通过对牛初乳酪蛋白的水解研究发现,其中的氨基酸含量丰富,而含量较高的谷氨酸和赖氨酸,有助于提高智力、促进生长、提高记忆力。

二、CBP骨能量的核心功效——增加骨长度与提升骨密度

1. CBP的核心功效

CBP并不直接作用于钙,而是作用于骨骼内部,为骨骼提供"骨能量",提升成骨细胞活性,抑制破骨细胞活动,从而让骨骼更主动地吸收血液中的钙。对于骨密度不足的人来说,CBP可促进钙吸收,增加骨密度。而对于儿童青少年来说,提升钙吸收效率可以让骨骼变长,同时也增加骨密度。

简单来说,可以将CBP比作催化剂或者指挥官,可协调骨骼中成骨细胞和破骨细胞的活动,既能刺激成骨细胞的增殖,也能抑制破骨细胞的活性,具有促

进骨发育和维持骨密度的重要作用，让骨骼更健康。从被动补钙到主动吸收钙，这就是CBP骨能量发挥作用的结果。

因此，CBP对儿童青少年骨骼生长、中老年人骨密度提升具有显著作用。

2. CBP对缺钙性体质的改善

随着年龄的增长，通常自35岁左右起，人体的骨骼就在做"减法"了，骨量不断流失，而且有些人无论怎么补钙，总是很难被身体吸收，骨密度始终无法改善，这种情况可以归为缺钙性体质或生理性缺钙。其实，缺钙性体质的关键不在于补钙，而是锁钙，让骨骼主动吸收钙。

缺钙体质和生理性缺钙形成的原因是什么呢？如图3-4所示，人体的骨骼中含有成骨细胞和破骨细胞，成骨细胞从血液中吸收钙，形成新骨；破骨细胞代谢掉一部分旧骨，从而实现骨骼的新陈代谢，让骨骼保持健康。正常补钙的过程是，人体先摄入含钙的食物，钙经过小肠消化吸收进入血液，然后骨骼从血液中吸收钙，并贮存到骨骼上。

图3-4　成骨细胞和破骨细胞的平衡情况

研究表明，一旦人体骨骼的成骨细胞和破骨细胞的比例失衡，破骨细胞的活跃度高于成骨细胞，钙流失的速度大于吸收的速度，就会导致骨密度降低，从而引发骨质疏松。这便是缺钙体质和生理性缺钙的主要原因。

CBP的可贵之处在于其能有效提高骨组织主动吸收钙和骨胶原等造骨营养的能力，而不是被动补钙，从而达到增强骨密度的目的。一项2008年的临床研究结果（见图3-5）表明，CBP能促进骨骼更好地生长，增加骨密度、骨重量和骨长度，刺激骨内成骨细胞增生。因此，对于儿童期或者青春期孩子的骨骼发育来说，CBP是有益的。

第三章　CBP：天然的骨骼生长因子

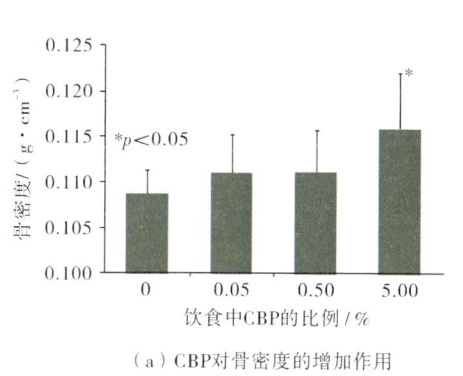

（a）CBP对骨密度的增加作用

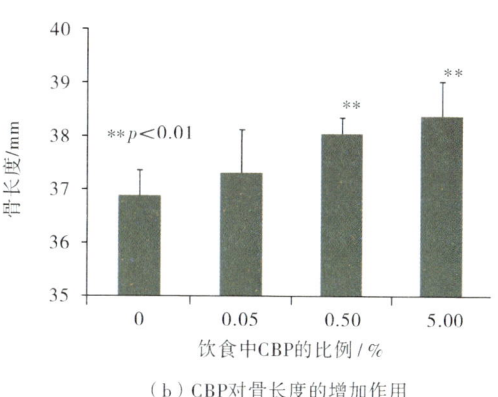

（b）CBP对骨长度的增加作用

图 3-5　CBP 的两大核心功效

三、CBP 的来源——确立牛初乳强免疫健骨骼功效

近些年，中国、美国、新西兰等国对牛初乳的研究又有了诸多新发现，如骨骼生长因子初乳碱性蛋白 CBP、免疫球蛋白 IgG 等，并应用于免疫营养和骨骼营养领域，这些发现让牛初乳的"强免疫、健骨骼"营养价值进一步得到验证。

1. 什么是牛初乳

初乳碱性蛋白（CBP）是以牛初乳为原料，经杀菌、脱脂、离心分离、超滤等多项工艺制成的。那么，什么又是牛初乳呢？

我国行业标准 QB/T 5804—2022 规定，牛初乳（bovine colostrum）是指从正常饲养的、无传染病和乳腺炎的健康母牛分娩后 7 天内所挤出的乳汁。而我们日常喝的牛奶通常是母牛产后 7 天后分泌的乳汁，被称为成熟乳或常乳。

牛初乳和人类初乳一样，是天然的"生命初始的第一口食物"。它们提供了哺乳动物生命早期支持免疫系统、启动消化系统的必要营养，并在生命最初几天内为建立健康的肠道微生态奠定了基础。

牛初乳早在 2000 年被美国食品科技协会（IFT）列为 21 世纪最具发展前景的非草药类天然健康食品。进口牛初乳进入我国市场也已有近 30 年的历史，牛初乳作为普通食品原料被广泛用于我国保健品和非婴幼儿配方食品当中。

2. 牛初乳的原生营养成分

牛初乳也分等级，目前全球公认的顶尖牛初乳是 24 小时内采集的牛初乳。

大家知道牛初乳是母牛产犊后 72 小时内收集的初乳加工而成，但很少人知道 24 小时、48 小时、72 小时，不同时间采集的初乳原生营养物质的含量、生物活性有显著差距（见图 3-6），这会直接影响食用效果。临床研究证实，24 小时牛初乳对人体胃黏膜的修复效果更显著。

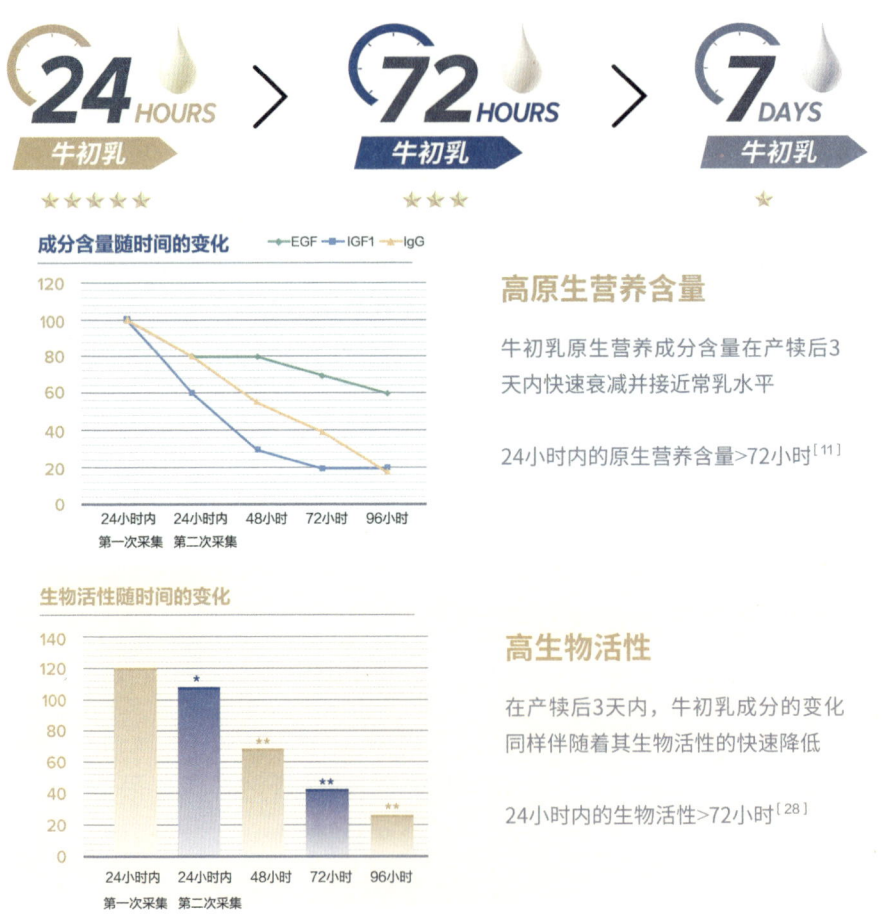

图 3-6　不同牛初乳采集时间原生营养成分对比

研究显示，牛初乳含有超过 250 种活性化合物，如图 3-7 所示，其中最显著的是免疫因子和生长因子，而这些成分就像交响乐团一样协同作用，延续类似母乳的天然保护功能，使得儿童、成人和老年人都能从牛初乳中获益。

基础营养素	免疫因子	生长因子	低聚糖	功能性脂质
宏量营养素 ・蛋白质 ・碳水化合物 ・脂肪 **微量营养素** ・维生素 ・矿物质 ・类胡萝卜素	**免疫球蛋白** ・IgG, IgA, IgE, IgD, IgM, **其它蛋白和肽** ・乳铁蛋白 ・骨桥蛋白 ・溶菌酶 ・α-乳白蛋白 ・β-乳球蛋白 **细胞因子** ・TNF, IL-6, IL-1β, INF-Y	**CBP 初乳碱性蛋白** ・EGF 表皮生长因子 ・TGF 转化生长因子 ・IGFs 胰岛素样生长因子 ・VEGF 血管内皮生长因子	・3'-唾液酸乳糖 ・6'-唾液酸乳糖 ・乳糖-N-新四糖 ・2-岩藻糖基乳糖 ・6-唾液酸-N-乙酰氨基乳糖	・磷脂酰胆碱 ・脑磷脂 ・神经鞘磷脂 ・神经节苷脂 ・脑苷脂 ・棕榈酸酯
・支持健康的生长发育 ・支持骨骼、肌肉、结缔组织等的生长	・被动免疫转移 ・抗菌和抗病毒 ・免疫调节和平衡	・支持骨骼健康 ・有益胃肠道发展 ・刺激细胞的增殖和分化 ・肠上皮细胞的损伤修复	・支持肠道菌群发展 ・增加有益双歧杆菌的水平 ・减少肠道致病菌 ・抗炎	・支持认知发展 ・有助于肠道消化蠕动 ・能作为病原体诱饵 ・神经细胞膜和髓磷脂的关键成分

核心成分 / 特性

图 3-7 牛初乳的活性成分及其特性

牛初乳含有多种影响免疫、生长发育和骨骼健康的成分，包括核心的免疫球蛋白、乳铁蛋白、初乳碱性蛋白、乳过氧化物酶、富脯氨酸多肽（PRPs）、溶菌酶、生长因子、低聚糖等。

在哺乳动物中，免疫球蛋白在母亲传给后代的被动免疫过程中起着重要作用。牛初乳中的主要免疫球蛋白是 IgG，占总免疫球蛋白的 80%~90%，而免疫球蛋白 A（IgA）、免疫球蛋白 D（IgD）、免疫球蛋白 E（IgE）和免疫球蛋白 M（IgM）含量均较低。IgG 既能提供被动免疫，又能调节适应性和先天免疫系统。

除了免疫球蛋白外，牛初乳中还有其它的广谱抗菌物，包括乳铁蛋白、乳过氧化物酶和溶菌酶。人们最熟悉的是乳铁蛋白，它是一种铁结合糖蛋白

（80 kDa），具有多种作用，包括增强铁吸收并具有抗菌活性、结合脂多糖、调节免疫、刺激肠上皮细胞和成纤维细胞生长等。

在 2010 年以前，业界对牛初乳的研究主要集中在免疫领域。随着初乳碱性蛋白的发现，牛初乳中富含的生长因子近些年才得到重视。研究发现，牛初乳中含有 20 多种不同的生长因子，主要包括胰岛素样生长因子（IGFs）、表皮生长因子（EGF）、转化生长因子（TGF）、血管内皮生长因子（VEGF）、乳脂球表皮生长因子 8（MFG-E8）等，这些生长因子绝大多数都包含在分子量在 1~30 kDa 的初乳碱性蛋白（CBP）中。因此，长期食用牛初乳不但对孩子的生长发育和健康有帮助，而且对成人的骨骼健康和长寿都有益。

3. 牛初乳与成熟乳的营养差异

牛初乳与人类初乳一样，其含有的免疫球蛋白、乳铁蛋白、生长因子、低聚糖等核心功能成分的量会随着时间快速衰减，产犊后 24 小时内收集的牛初乳比 72 小时收集的所含原生营养成分含量更高、生物活性更优。

随着时间的推移，成熟乳中的营养成分含量逐步稳定。牛初乳含有比成熟乳更高的总蛋白质含量，主要是由于更高水平的免疫球蛋白和酪蛋白。表 3-1 为牛初乳与成熟乳中的部分营养成分含量的对比，可以发现，牛初乳明显高于成熟乳，且差异显著。

表 3-1　牛初乳与成熟乳部分营养成分含量对比

Component	成分	BC 牛初乳	Mature Milk 成熟乳
Total solids（%）	总固形物	24~28	12.9
Fat（%）	脂肪	6~7	3.6~4.0
Protein（%）	蛋白	14~16	3.1~3.2
Casein（%）	酪蛋白	4.8	2.5~2.6
Albumin（%）	白蛋白	6.0	0.4~0.5
Total immunoglobulin（mg/mL）	总免疫球蛋白	42~90	0.4~0.9
Lactose（%）	乳糖	2~3	4.7~5.0

（续表）

Component	成分	BC 牛初乳	Mature Milk 成熟乳
Minerals	微量元素		
Calcium（g/kg）	钙	2.6~4.7	1.2~1.3
Phosphorus（g/kg）	磷	4.5	0.9~1.2
Potassium（g/kg）	钾	1.4~2.8	1.5~1.7
Sodium（g/kg）	钠	0.7~1.1	0.4
Magnesium（g/kg）	镁	0.4~0.7	0.1
Zinc（mg/kg）	锌	11.6~38.1	3.0~6.0
Vitamins	维生素		
Thiamin（B_1）（μg/mL）	B_1	0.58~0.90	0.4~0.5
Riboflavin（B_2）（4g/mL）	B_2	4.55~4.83	1.5~1.7
Niacin（B_3）（μg/mL）	B_3	0.34~0.96	0.8~0.9
Cobalamin（B_{12}）（μg/mL）	B_{12}	0.05~0.60	0.004~0.006
Vitamin A（μg/100 mL）	A	25	34
Vitamin D（IU/g tat）	D	0.89~1.81	0.41
Tocopherol（E）（μg/g）	E	2.92~5.63	0.06
Immunoglobulins	免疫球蛋白		
IgG_1（g/L）		34.0~87.0	0.31~0.40
IgG_2（g/L）		1.6~6.0	0.03~0.08
IgA（g/L）		3.2~6.2	0.04~0.06
IgM（g/L）		3.7~6.1	0.03~0.06
Antimicrobials	蛋白肽		
Lactoferrin（g/L）	乳铁蛋白	1.5~5	0.02~0.75
Lactoperoxidase（mg/L）	乳过氧化物酶	11~45	13~30
Lysozyme（mg/L）	溶菌酶	0.14~0.7	0.07~0.6

（资料来源：Playford R J, Weiser M J. Bovine Colostrum: Its Constituents and Uses[J]. Nutrients, 2021, 13(1):265.）

4. 牛初乳的功效研究

美国国家生物技术信息中心（NCBI）上关于牛初乳的研究已超过6000多篇，多项临床实验表明，牛初乳有益人体免疫、肠道和骨骼等健康，适合生命各个阶段。

有越来越多的证据表明摄入牛初乳可以调节机体免疫功能。有研究发现，补充牛初乳可减少健康成人流感发作的次数,也有助于减少儿童上呼吸道感染和腹泻的发作,牛初乳中的IgG同样已被证明能结合并中和人类呼吸道合胞病毒。最新的临床研究表明,牛初乳有助于新冠患者快速康复。临床实验结果如图3-8所示。

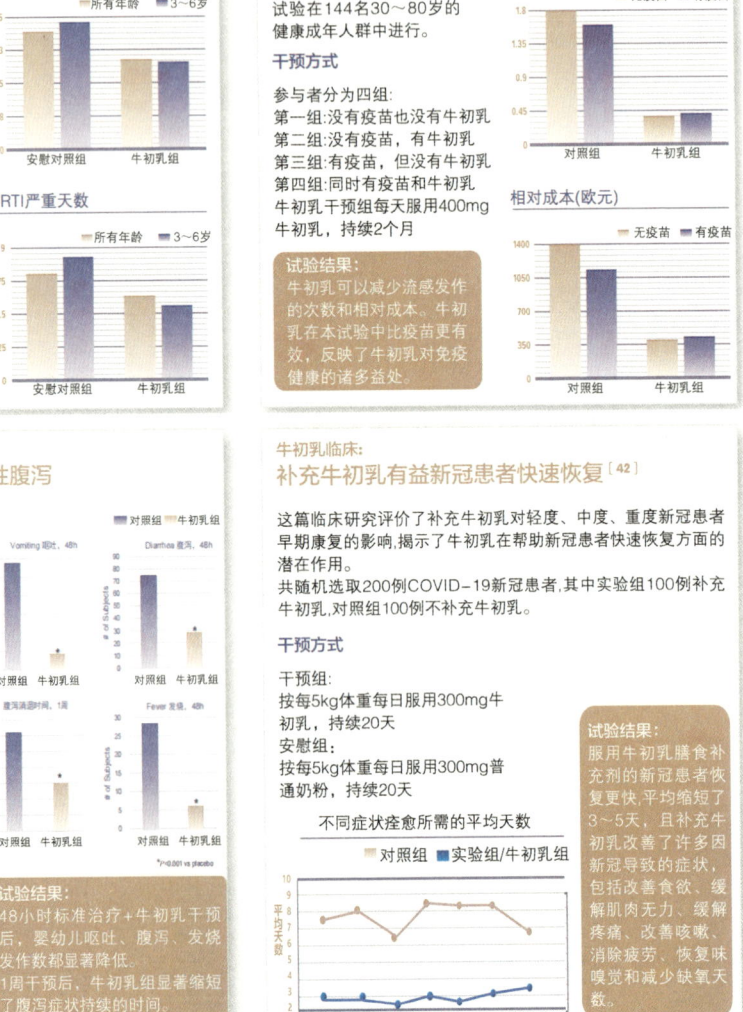

图3-8 牛初乳对人体健康的临床实验

第三章　CBP：天然的骨骼生长因子

华南理工大学研究验证了 CBP 具有健骨骼的功效，美国 APS 主导的临床研究验证了牛初乳 IgG 的免疫因子强免疫的功效。由此可见，富含双蛋白 CBP 和 IgG 的 24 小时牛初乳，同时具备"强免疫、健骨骼"的功效。

随着科技与生产工艺不断进步，牛初乳的品质显著提升，国内外的众多研究均表明，含有 CBP 和 IgG 的牛初乳适合儿童、老年人等人群食用，兼具有效性和安全性。

5. 牛初乳的创新应用——CBPS 定制营养

2022 年，美国 APS 和百立乐联合中美专家共同研发了 CBPS 定制营养，将 24 小时内的牛初乳 APS24 与 CBP 组合，被认为是近几年最具代表的牛初乳创新应用。

初乳碱性蛋白 CBP 与骨骼健康

CBPS 定制营养的核心营养物质为初乳碱性蛋白（CBP）和免疫球蛋白（IgG），采用 1:1 组合。CBP 和 IgG 均来自牛初乳萃取，CBP 有"骨骼生长因子"的称号，IgG 是牛初乳中含量最高的"免疫因子"。CBPS 定制营养被第三方研究机构通过动物实验证实，具有强免疫、健骨骼的功效。

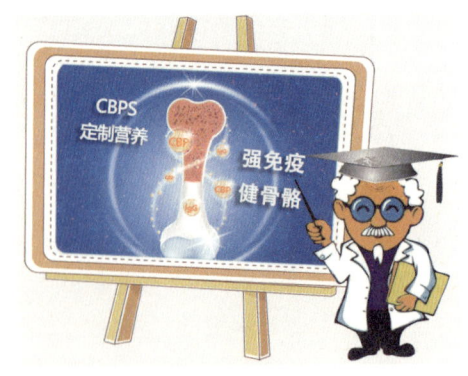

6. 牛初乳在全球市场的应用

后疫情时代，健康是全民关注的大事。

未来将是全民拼自护力时代，特别是对于儿童及中老年等弱势群体尤为重要，通过日常营养强化的食补养生方式将更流行。

由于越来越多的人意识到牛初乳的优势，市场上的公司正在制定相关战略，以抓住这一趋势。例如，美国生物科技公司 PanTheryx（APS24 牛初乳母公司）与中国头部营养企业合作，研发了众多与牛初乳有关的配方，其中专注儿童自护力的百立乐金冕、专注成人自护力的培芝、飞鹤爱本就是"强免疫、健骨骼"24 小时牛初乳应用的典范。

四、牛初乳中 CBP 的科学检测方法

当前，一方面是含 CBP 初乳碱性蛋白的产品消费日渐火爆，另一方面却是 CBP 含量检测技术停滞不前。尴尬的是，虽然临床研究报告明确了 CBP 的有效摄入量，但鉴于 CBP 含量检测技术的缺乏，市场上众多相关产品只能笼统用"添加了 CBP"来表明其产品中使用了 CBP，而无法用检测报告论证其所添加的 CBP 是否达到标注的含量。

基于对 CBP 强烈的市场需求和 CBP 含量检测滞后的这一矛盾现象，美国

第三章　CBP：天然的骨骼生长因子

Kendrick Laboratories 实验室和华南理工大学食品科学与工程学院实验室对牛初乳中的 CBP 有效量通过检测手段进行了科学论证，按照 SDS 板凝胶电泳方法多次测定 APS24 牛初乳 CBP 含量（具体检测方法参见参考文献41）。实验结果显示，APS24 牛初乳除检测到 1～30 kDa 的 CBP 外，还检测到富含免疫球蛋白 IgG、乳铁蛋白 LF 等有益人体健康的营养物质。

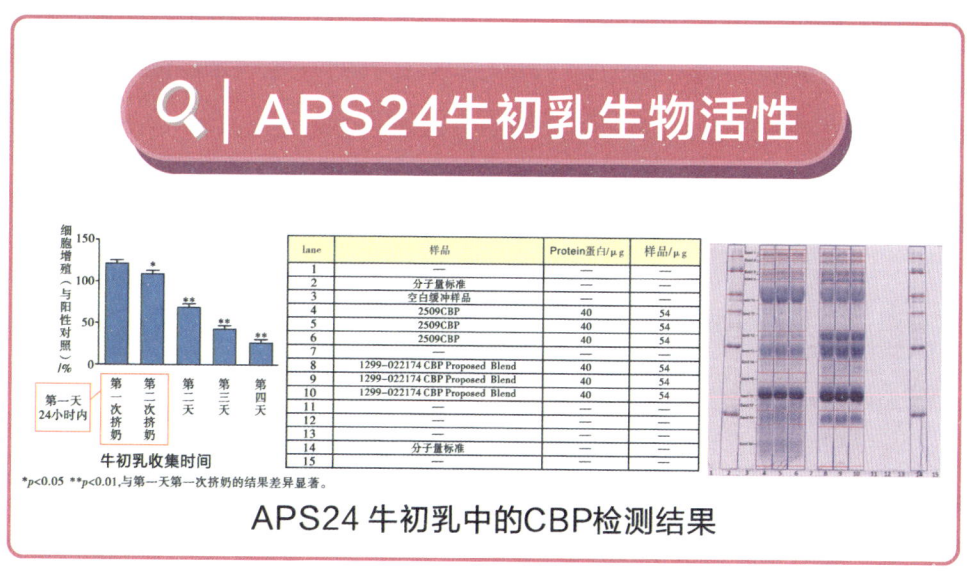

APS24 牛初乳中的 CBP 检测结果

而 IgG、LF 等营养物质与 CBP 协同作用，在充分发挥 CBP 促进骨骼新陈代谢、修复受损骨质的同时，还能协同作用守护人体免疫健康，帮助预防流感，减少上呼吸道感染等。

华南理工大学对牛初乳和 CBP 的最新研究，以及 APS24 这一革命性的创新，让牛初乳跨入了"强免疫、健骨骼"时代，为日渐复苏的牛初乳市场再次注入了一剂强心针！

第四章 补钙新认知及 CBP 骨能量作用原理

一、传统的补钙认知及误区

中国人的传统饮食习惯中，钙来源到底是否足够呢？即使我们知道需要补钙，但究竟在什么时间以怎样的方式补充才是最好的呢？很多人都觉得：老了缺钙才需要补钙嘛，我年轻气盛有足够的钙，现在用不着补。

会有这种想法，估计是因为听说过老爷爷老奶奶缺钙会导致骨质疏松，摔倒后容易骨折，后果很严重。但是，等老到骨质疏松走不动再开始补钙就晚了，因为已经补不进去了！

人的骨量在 35 岁左右达到峰值，之后开始下降。如果不想等七老八十了因为缺钙这件"小事"而耽误了晚年幸福的大事，最该做的就是年轻时就补钙！

说到怎么补，可能大多数人脱口而出的是：吃钙片！但实际上，钙片只是饮食的补充，如果饮食均衡，多吃有营养的含钙食物，就不用额外补钙，健康又划算。有营养的含钙食物主要有四类：奶、菜、豆、果，也就是奶制品、深绿色的绿叶蔬菜、豆制品和坚果，这些都是含钙丰富的食物。不过，还是要提醒一下吃钙片最常见的几个误区。

误区一：只有昂贵的钙剂才能有效补钙。

其实，最经济、最有效的方法是通过日常均衡的饮食补钙。许多食物都富含钙，但我们在注意食品含钙量的同时，也应注意吸收率。奶和奶制品因为含钙量和吸收率均高，成为众多营养学家普遍推荐的最佳、天然补钙食品。研究表明，每日补充 1~2 杯（250~500 毫升）牛奶，能够有效预防骨质疏松症。只有当饮食中钙含量达不到人体所需时,才需通过服用钙剂补足。

误区二:钙补得越多越有效。

虽然钙的摄入量只有达到一定数量才能获得最大钙贮留,但绝非多多益善。其实钙片是一种钙盐,比如碳酸钙、柠檬酸钙等。当每日钙摄入量超过 2000 毫克时,钙的吸收量反而会下降,而且会给肠胃造成巨大负担。中国营养学会规定的钙日供推荐标准量为:儿童 800~1000 毫克,青少年 1000~1200 毫克,成人与老年人 800~1000 毫克,孕妇及哺乳期 1000~1200 毫克。只有在上述建议范围内补足钙质,才能既补钙又不伤身。

你补的钙,进入骨骼了吗?

钙进入人体会沉积在

正确的部位
骨骼、牙齿等

错误的部位
血管、心脏瓣膜、肾脏或其他软组织

补钙不入骨会导致:

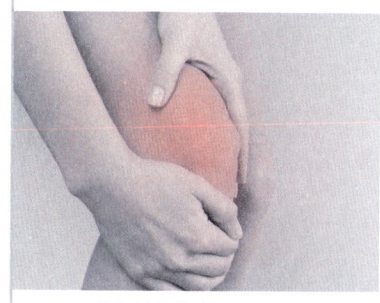

常年补钙仍然骨质疏松

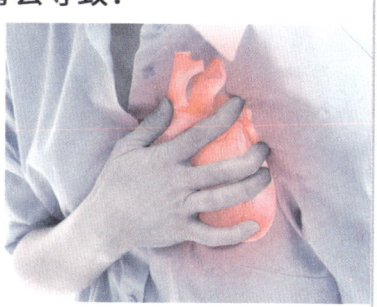

沉积血管引发心血管问题

误区三:钙片什么时候吃都可以。

正确地服用钙片,才能有效地补钙。一般宜在早餐前 1 小时服用,配以果汁送服,果汁可刺激胃酸分泌,促进钙的吸收。而含草酸的食物如菠菜,会与钙结合成为草酸钙,从而影响钙的吸收,因此应避免与钙片一起食用。

误区四：补钙一定要同时补维生素 D。

由于个体差异普遍存在，并不是所有的人都同时缺乏钙和维生素 D，儿童长期服用维生素 D 还会反馈性地抑制体内自身维生素 D 的生成。人皮肤中的 7- 脱氢胆固醇在阳光中紫外线的作用下可形成维生素 D，健康人只要每天接受足够的光照（3 小时左右），产生的维生素 D 完全可满足生理需求。由于维生素 D 的中毒量与生理量很难明显界定，因此使用维生素 D 时应坚持以最低剂量实现治疗作用为宜。营养调查结果显示，中国人普遍缺钙，但不一定缺维生素 D，补充营养素应以"缺什么补什么"为宜。

误区五：对于更年期妇女，只要补足钙就可以了。

到了更年期，由于卵磷脂衰退和雌激素水平的突然下降，会造成更年期妇女体内钙质迅速流失，与同年龄男性相比，骨质疏松的症状更为严重。因此，更年期妇女在补充钙质的同时，更应该向妇科医生咨询，防止钙质的流失。

有效地预防骨质疏松需从小做起，而均衡的饮食搭配、充足的户外运动、正确的补钙方法以及定期检查骨密度，则是其关键。

二、补钙新认知——CBP 骨能量为健康加"骨劲"

世界著名骨骼营养专家、新西兰梅西大学的克鲁格·马莱娜教授指出，初乳碱性蛋白 CBP 的发现进入了人类骨骼保健的第三阶段——一个全新时代，即骨骼的全面修复及再生阶段。

新西兰和韩国的一支团队就 CBP 强健骨骼的作用机理做了报告，研究表明，CBP 在激活骨形成过程中发挥了两大作用：其一，CBP 可以直接激活成骨细胞；其二，CBP 可以促进生长激素分泌从而间接激活成骨细胞。通过上述作用，CBP 可以有效加强骨密度，有效促进骨骼生长。因此，CBP 有希望成为从生长期到高龄期强健骨骼的功能性营养素。

日本学者内藤健太郎针对 CBP 摄入对骨密度的影响进行了一次验证试验，研究结果如图 4-1 所示。虽然仅进行了三个月的短期试验，但是通过分析研究数据可知，摄入 CBP 有助于人体骨密度值的增加。研究最终结果显示，对于人体而言，CBP 是能在生理层面上有效作用于骨骼的功能成分，在日常饮食生活中摄入 CBP 对于骨骼健康管理大有裨益。

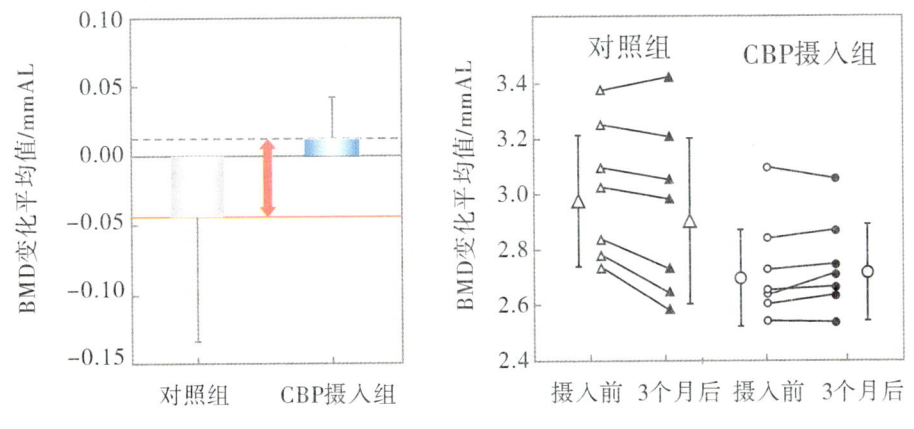

图 4-1　摄入 CBP 对人体骨密度（BMD）值的影响

三、CBP 骨能量作用和原理

在认识 CBP 骨能量作用和原理之前，我们首先要了解骨骼在不同年龄段的新陈代谢。

1. 骨骼在不同年龄段的新陈代谢

骨骼是人体各种营养素和矿物质的储备库，同时还担当着中转调剂的重任。人体营养不足时，为了维持正常的生命活动，将会溶解骨质从而获取缺乏的养分，进而造成骨质流失。

骨骼的"新陈"和"代谢"需要由成骨细胞和破骨细胞来完成，达到成骨细胞的"骨形成"作用和破骨细胞的"骨吸收"作用的动态平衡。首先，破骨细胞进入骨质，溶解骨骼中的矿物质，完成"骨吸收"过程。在"骨吸收"作用下，骨骼会形成小凹洞和隧道。同时，成骨细胞会完成"骨形成"过程，填补小凹洞和隧道从而形成新骨。如此周而复始，骨骼的循环再生大概需要三年时间。

骨骼的新陈代谢过程是一个不断循环的过程，如图 4-2 所示。

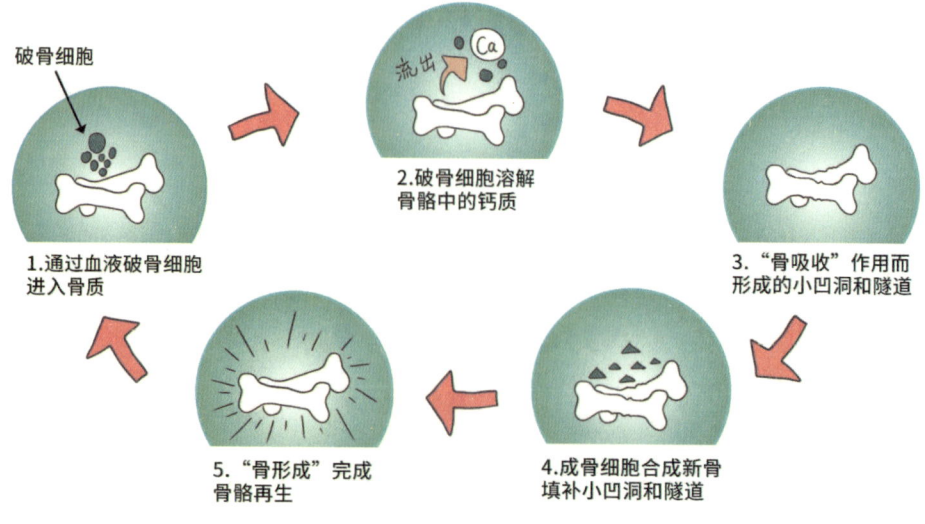

图 4-2　骨骼的新陈代谢循环过程

在人体的不同年龄阶段，由于骨骼内成骨细胞和破骨细胞的数量和活性不同，因此骨骼的生长程度和对钙质等营养元素的吸收能力也不一样，所以说骨钙流失情况与年龄的增长也有直接关系，如图 4-3 所示。

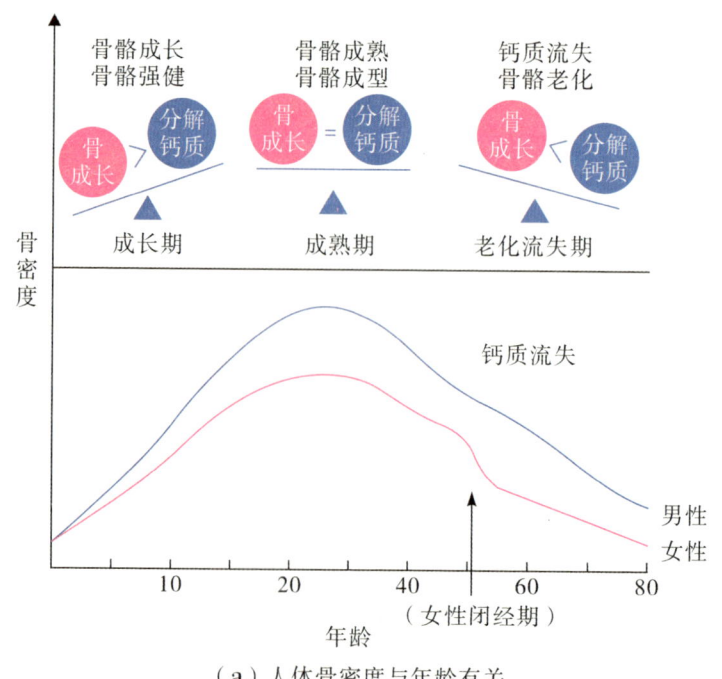

（a）人体骨密度与年龄有关

第四章 补钙新认知及 CBP 骨能量作用原理

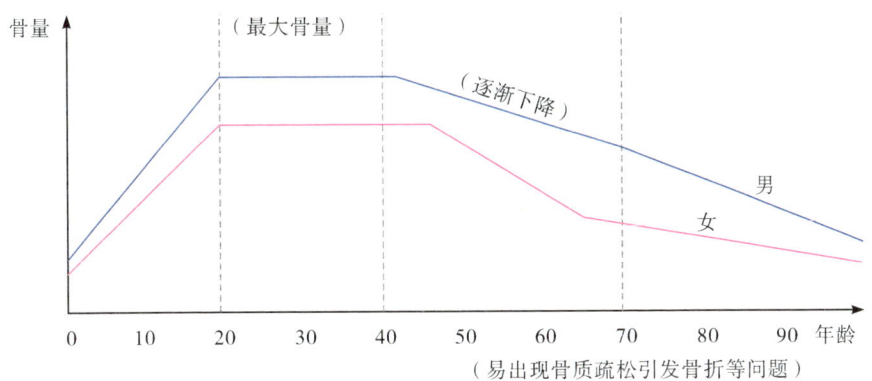

3~20岁 骨骼生长期	21~40岁 骨骼成熟期	40岁之后 骨骼老化期
成骨细胞活性大于破骨细胞。骨量会不断增加，骨骼快速成长，同时变得强壮	成骨细胞和破骨细胞活性相当。骨量缓慢增加，相对稳定。35岁左右骨量达到顶峰	随着年龄的增加，破骨细胞活性大于成骨细胞。骨量急剧下降，骨骼开始进入老化期

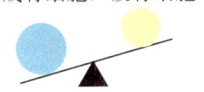
成骨细胞＞破骨细胞

成骨细胞＞破骨细胞

成骨细胞＜破骨细胞

（b）人体骨量与年龄有关

图 4-3 人体骨钙质流失与年龄增长的关系

2. CBP 对骨骼的作用原理

如前所述，人体的骨骼代谢由成骨细胞和破骨细胞协同完成，成骨细胞促进骨骼生长形成新骨，破骨细胞代谢旧细胞或坏细胞，从而帮助人体骨骼循环，让骨骼保持健康状态。

当成骨细胞活跃度高于破骨细胞时，人体骨骼对钙的吸收利用增强，骨密度提升；当破骨细胞活跃度超过成骨细胞时，骨骼中的钙的流失速度会大于吸收速度，从而导致骨密度下降。而 CBP 骨能量可通过激活成骨细胞而使钙质贮存在骨骼上。

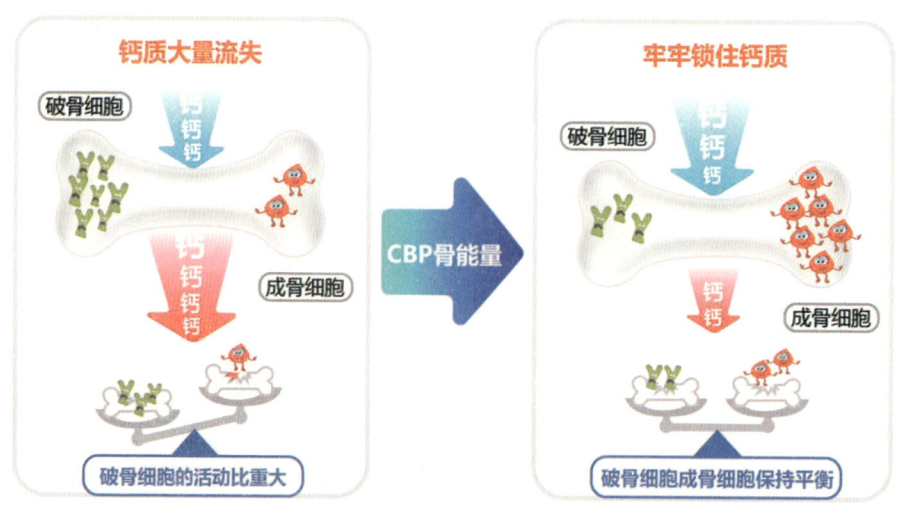

改善和平衡骨骼新陈代谢，促进钙质主动吸收和增加骨量，支持骨骼发育。

另外，日本学者研究发现 CBP 可促进正常人成骨细胞的成骨分化，并确定了 C-Jun 氨基末端激酶（JNK）- 激活转录因子 4（ATF4）通路参与了这一过程，还观察到 CBP 处理的成骨细胞显著诱导了碱性磷酸酶活性和矿化。此外，在 CBP 处理的成骨细胞中 ATF4 的 mRNA 表达显著升高，表明晚期的分化过程受到促进。

研究还发现，CBP 激活了 JNK 和细胞外信号调节激酶（ERK）的磷酸化。此外，利用各种信号通路特异性抑制剂进行的通路分析表明，对 CBP 诱导的矿化和 ATF4 的表达不可或缺的是 JNK 的激活而不是 ERK 的激活。研究结果表明，JNK 介导的 ATF4 通路是 CBP 促进成骨的必要条件。

第五章 CBP 骨能量

长高营养新发现,让孩子"高人一等"

一、儿童和青少年期骨骼发育特点

儿童和青少年期骨骼生长发育快速,以骨构建为主,骨转换加快,且骨形成占优势,因此,骨量稳定增长。如图5-1所示,骨骼的生长包括线性生长与骨量累积,儿童期以线性生长为主,身高增长的平均速度通常为每年5~7厘米,有少数人生长比较快,青春期每年可达10~12厘米。

骨骼的生长发育具有性别差异,9~13岁女孩生长速度稍快于男孩,于12岁左右达到生长速率高峰。男孩生长高峰则在14岁左右,对比女孩具有更长的骨骼生长期、更高的骨生长速率。

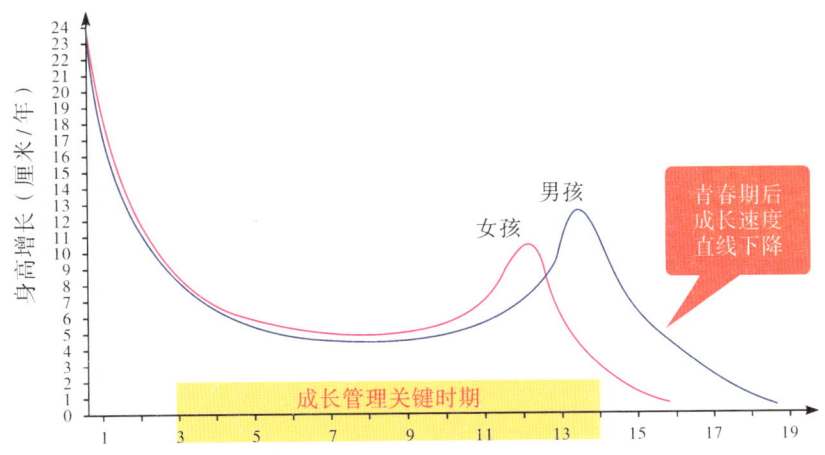

图 5-1 成长黄金期与身高增长的关系

(资料来源:KOLETZKO B,COOPER P,MAKRIDES M,et al. Pediatric Nutrition in Practice [J]. Nutr Hosp,2009:24(1):106-108.)

青少年时期，尤其是青春期，以骨量累积为主，成人骨量中有40%～60%在青少年时期达成，到18岁时峰值骨量的90%已累积完成。因此，儿童和青少年时期是峰值骨量累积的关键时期，如果能充分利用这个关键期，促进机体达到更高的峰值骨量，对于预防中老年时期的骨质疏松具有积极意义。

1. 身高增加的基础阶段

婴儿足月出生后第一年身高大约增长25厘米，第二年增长10厘米，此后到青春期平均每年大约增长5厘米。此阶段孩子如果每年增长低于5厘米，半年低于3厘米，父母就要提高警惕了，积极寻找影响孩子身高的原因，并提早进行干预。

进入青春期，女孩从10岁开始，男孩从12岁开始，整个青春期女孩子增长20～25厘米，男孩比女孩子多增长8～10厘米。

此阶段为人体骨骼发育的储备期，这个年龄段的孩子多有挑食、偏食、厌食现象，极大程度地限制了其从膳食中摄入钙离子等营养物质。很多父母溺爱孩子，任由孩子少运动、睡眠不足，这些不良习惯都会影响骨骼中钙离子储备量，导致孩子个子矮小，也会降低孩子在发育期的身高增幅。

2. 身高突增阶段

在孩子的青春期，很多父母有这样的经历，尤其是在外工作不得不和孩子长期分开的父母，一年不见孩子都不敢认了，分开时还是个小个子，再见时一下子就蹿到跟自己差不多高了。

8～14岁的孩子进入发育生长最快的时期，父母应该不定期关注孩子身高的变化，即使孩子身高长得很快也要引起重视。表5-1和表5-2分别为《协和专家说长高：让孩子多长10厘米》一书中，男孩和女孩的8～14岁儿童青少年身高、体重的百分位数值表。

男孩：8岁身高低于119.9厘米，12岁身高低于138.1厘米，属于矮小。

女孩：8岁身高低于118.5厘米，12岁身高低于140厘米，属于矮小。

青春期的孩子应该多运动，每天应坚持1小时的户外锻炼，同时保证足量的钙摄入。

孩子青春期对钙离子的需求量明显增加。研究表明，孩子在发育期摄入钙离子的量每增加 30 000 毫克，其身高便相应地增高 1 厘米，但在国内，由于青少年每日从餐桌上摄入的钙离子远未达到所需的量，甚至不到所需钙离子的 50%，直接导致孩子的身高差距很明显。因此，在身高生长的关键时期，父母应尤其注意孩子的钙离子摄入量，确保孩子的身高能达到预期值，甚至超出预期！

表 5-1 8～14 岁儿童青少年身高、体重百分位数值表（男）

年龄/岁	第3百分位		第10百分位		第25百分位		第50百分位		第75百分位		第90百分位		第97百分位	
	身高/cm	体重/kg	身高/cm	体重/kg	身高/cm	体重/kg	身高/cm	体重/kg	身高/cm	体重/kg	身高/cm	体重/kg	身高/cm	体重/kg
8	119.9	20.32	123.1	22.24	126.3	24.46	130.0	27.33	133.7	30.71	137.1	34.31	140.4	38.49
8.5	122.3	21.18	125.6	23.28	129.0	25.73	132.7	28.91	136.6	32.69	140.1	36.74	143.6	41.49
9	124.6	22.04	128.0	24.31	131.1	26.98	135.4	30.46	139.3	34.61	142.9	39.08	146.5	44.35
9.5	126.7	22.95	130.3	25.42	133.9	28.31	137.9	32.09	142.0	36.61	145.7	41.49	149.4	47.24
10	128.7	23.89	132.3	26.55	136.0	29.66	140.2	33.74	144.4	38.61	148.2	43.85	152.0	50.01
10.5	130.7	24.96	134.5	27.83	138.3	31.20	142.6	35.58	147.0	40.81	150.9	46.40	154.9	52.93
11	132.9	26.21	136.8	29.33	140.8	32.97	145.3	37.69	149.9	43.27	154.0	49.20	158.1	56.07
11.5	135.3	27.59	139.5	30.97	143.7	34.91	148.4	39.98	153.1	45.94	157.4	52.21	161.7	59.40
12	138.1	29.09	142.5	32.77	147.0	37.03	151.9	42.49	157.0	48.86	161.5	55.50	166.0	63.04
12.5	141.1	30.74	145.7	34.71	150.4	39.29	155.6	45.13	160.8	51.89	165.5	58.90	170.2	66.81
13	145.0	32.82	149.6	37.04	154.3	41.90	159.5	48.08	164.8	55.21	169.5	62.57	174.2	70.83
13.5	148.8	35.03	153.3	39.42	157.9	44.45	163.0	50.85	168.1	58.21	172.7	65.80	177.2	74.33
14	152.3	37.36	156.7	41.80	161.0	46.90	165.9	53.37	170.7	60.83	175.1	68.53	179.4	77.20

表 5-2 8~14 岁儿童青少年身高、体重百分位数值表（女）

年龄/岁	第 3 百分位 身高/cm	第 3 百分位 体重/kg	第 10 百分位 身高/cm	第 10 百分位 体重/kg	第 25 百分位 身高/cm	第 25 百分位 体重/kg	第 50 百分位 身高/cm	第 50 百分位 体重/kg	第 75 百分位 身高/cm	第 75 百分位 体重/kg	第 90 百分位 身高/cm	第 90 百分位 体重/kg	第 97 百分位 身高/cm	第 97 百分位 体重/kg
8	118.5	19.20	121.6	20.89	124.9	22.81	128.5	25.25	132.1	28.05	135.4	30.95	138.7	34.23
8.5	121.0	20.05	124.4	21.88	127.6	23.99	131.3	26.67	135.1	29.77	138.5	33.00	141.9	36.69
9	123.3	20.93	126.7	22.93	130.2	25.23	134.1	28.19	138.0	31.63	141.6	35.26	145.1	39.41
9.5	125.7	21.89	129.3	24.08	132.9	26.61	137.0	29.87	141.1	33.72	144.8	37.79	148.5	42.51
10	128.3	22.98	132.1	25.36	135.9	28.15	140.1	31.76	144.4	36.05	148.2	40.63	152.0	45.97
10.5	131.1	24.22	135.0	26.80	138.9	29.84	143.3	33.80	147.7	38.53	151.6	43.61	155.6	49.59
11	134.2	25.74	138.2	28.53	142.2	31.81	146.6	36.10	151.1	41.24	155.2	46.78	159.2	53.33
11.5	137.2	27.43	141.2	30.39	145.2	33.86	149.7	38.40	154.1	43.85	158.2	49.73	162.1	56.67
12	140.2	29.33	144.1	32.42	148.0	36.04	152.4	40.77	156.7	46.42	160.7	52.49	164.5	59.64
12.5	142.9	31.22	146.6	34.39	150.4	38.09	154.6	42.89	158.8	48.60	162.6	54.71	166.3	61.86
13	145.0	33.09	148.6	36.29	152.2	40.00	156.3	44.79	160.3	50.45	164.0	56.46	167.6	63.45
13.5	146.7	34.82	150.2	38.01	153.7	41.69	157.6	46.42	161.6	51.97	165.3	57.81	168.6	64.55
14	147.9	36.38	151.3	39.55	154.8	43.19	158.6	47.83	162.4	53.23	165.9	58.88	169.3	65.36

3. 身高增加的最后冲刺阶段

青春期后期（15~18岁）是身高再次增加的最后冲刺阶段。骺软骨还未真正闭合的青少年每年还具有2~3厘米的长高潜力，通过恰当有效的干预、坚持锻炼、保证充足的睡眠和膳食钙离子等骨能量摄入，仍可达到增高的目的，千万不要放弃这增长的最后机会。

二、CBP骨能量为长高提供营养新策略

在优生优育时代，父母们最关心的问题之一便是孩子的身高。调查显示，许多消费者，甚至专业人士，对长高营养均停留在补充钙、维生素D等传统观念上，并不了解科技进步对长高营养带来的突破。

想让孩子长得更高，就要先明白"长高"的原理。人体的长高是肌肉、骨骼等共同生长的表现，其中以骨骼生长最为关键。在未成年人的骨骼X光片中可以发现，骨的两端存在着非常特殊的区域——骨骺和生长板，骨骼变长就是通过这一区域的生长来实现的。同时，随着年龄的增长，骨骺的生长逐渐缓慢，生长板逐渐变薄，最终两者完全融合后便不会再生长，也就不能继续长高。

一些父母为孩子准备的增高保健品、增高药中可能含有一些激素成分，看似有明显的效果，但在促进长高的同时也加速了骨龄的成熟，从而使孩子错失了生长发育的最佳时机，得不偿失。

人类探寻更健康、安全的长高营养的脚步从未停止。值得关注的是，一种来自天然食物的初乳碱性蛋白 CBP 的发现，改变了人们对长高营养的认识，并且得到许多世界知名专家的高度重视和推荐。

前面章节述及，CBP 的发现开启了人类骨骼保健的全新时代，即骨骼的全面修复及再生阶段。简单来说，可以将 CBP 比喻为催化剂或者指挥官，可协调骨骼中成骨细胞和破骨细胞的活动，既能刺激成骨细胞的增殖，同时也能抑制破骨细胞的活性，具有促进骨发育和维持骨密度的重要作用，从被动补钙到主动吸收钙，让骨骼更健康。

因此，CBP 对儿童青少年骨骼生长、骨密度提升具有显著作用，为长高、营养提供全新的策略，进而奠定了 CBP 的广阔应用前景。例如，将 CBP 加入奶粉中，赋予其新的独特卖点；将 CBP 作为新一代骨骼生长因子应用于营养食品；将 CBP 与牛奶和酸奶进行结合；将 CBP 做成咀嚼含片，提供更便捷的食用方式。

三、CBP 骨能量提升高个孩子骨密度

通过上述章节的介绍，我们明白 CBP 的两个关键功效：增加骨长度、提升骨密度。高个子群体对骨骼生长的要求可能不那么高，但要尤为关注骨骼密度。

我们发现，当前社会许多高个子的青少年、成人，往往有驼背、脊柱变形以及骨骼脆弱等问题。部分原因可能与他们平时学习生活方面的习惯有关，但很大部分原因与其骨骼健康，尤其是骨密度较低有关。由于生长过快，而骨骼吸收钙的速度并未跟上，这就导致骨密度偏低，在不良习惯的促使下，很容易出现驼背和脊椎变形等问题，所以高个子群体对骨密度要求更高。因此，除了关注身高外，父母还应多关注孩子骨密度。骨密度高的孩子不仅会有更好的体力和精力应对学习，而且更阳光、健壮，运动能力更强。

CBP 可以通过增加骨密度，帮助高个孩子获得强壮的骨骼，不仅个子高，而且能保持活力，为成年后的骨骼健康打下坚实基础。

值得注意的是，虽然 CBP 可作用于骨骼内部，让骨骼更好地吸收钙，从而促进生长，但是，CBP 作用的发挥仍要基于健康的生活习惯、足量的运动、充足的睡眠、良好的饮食习惯以及愉悦的身心。

四、维生素 AD 协同 CBP 促进孩子健康长高

前面章节提到 CBP 对增加儿童青少年的身高、骨密度可发挥显著作用，但对于 0~6 岁的孩子，还应重视维生素 A、维生素 D（简称维生素 AD）对身高的帮助。

维生素 A、维生素 D 缺乏，会影响儿童身高、免疫力、视力、造血系统等。据 2019 年《中国儿童维生素 A、维生素 E 缺乏与呼吸道感染》发布的数据显示，我国 6 月龄~14 岁儿童维生素 A 缺乏或不足比例高达 47.98%。另有数据显示 3~5 岁儿童维生素 D 缺乏和不足比例更是超过 50%，这会给处在成长期的儿童带来很多不利影响。

2021 年，中华预防医学会专家组讨论并制定了《中国儿童维生素 A、维生素 D 临床应用专家共识》（下称《专家共识》），<u>专家组指出：我国婴幼儿、儿童普遍存在维生素 A、维生素 D 缺乏的现象，且维生素 D 与维生素 A 缺乏总是相伴发生，具有高度重叠性。</u>

因此，专家建议 0~6 岁孩子应坚持补充维生素 A、维生素 D，中间不要

间断。

1. 专家共识:"AD 同补"

维生素 A 和维生素 D 共同补充,可在孩子免疫功能、预防贫血、骨骼发育等方面起到一举两得的效果。

研究显示,补充维生素 A 可提高维生素 D 的水平和生物活性,二者同补可发挥协同效应,有利于儿童早期综合发展和疾病防治。《专家共识》编写成员、上海市妇幼保健中心副主任彭咏梅教授表示,维生素 AD 同补,不仅可以取得事半功倍的效果,还是最经济有效的补充方式。

《专家共识》的发布,引起了各界的高度关注,众多营养专家认为该共识将改变传统认知,推动维生素 D 进入新阶段——维生素 AD 同补时代。

2. 预防性补充是有效途径

预防性补充是改善儿童维生素 A、维生素 D 营养的有效途径。《专家共识》指出:预防性干预是以预防营养素缺乏、降低疾病发生率、促进儿童早期发展为目的,其重点在预防,而不仅局限于对已发生营养素缺乏症的人群的矫正。

根据专家研究,单纯补充维生素 D_3、维生素 D_3 与维生素 AD 交替补充、含维生素 AD 的鱼肝油均达不到《专家共识》的建议摄入含量。专家建议:婴儿出生后每日预防性补充维生素 A 1500~2000 IU 和维生素 D 400~800 IU,并至少持续补充到 6 周岁。因此,0~6 岁孩子对维生素 A、维生素 D 的营养需求量比值为 3:1 左右。

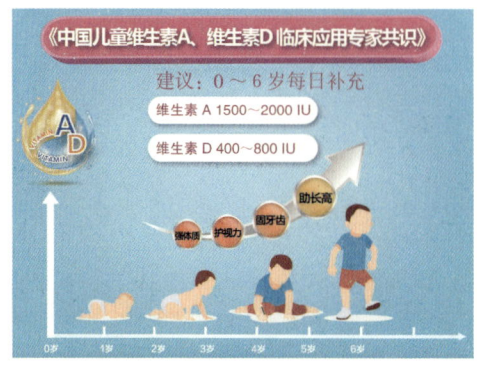

3. 如何补充维生素 AD

目前，根据维生素 AD 来源，常见维生素 A、维生素 D 同补的营养品有维生素 AD 补充剂和鱼肝油。在 2014 年 3·15 晚会曝光鱼肝油事件之前，通过鱼肝油补充维生素 AD 的现象极为普遍，但现在更流行维生素 AD 补充剂。

专家们建议：在鱼肝油和维生素 AD 补充剂的选择方面，更推荐维生素 AD 补充剂。<u>根据营养需求，0～6 岁孩子对维生素 A、维生素 D 的营养需求比为 3:1 左右，维生素 AD 补充剂一般是按照这个比例配置，而鱼肝油中维生素 AD 的比例为 10:1，所以维生素 AD 补充剂更符合宝宝的需求。</u>

维生素 AD 制剂选择指南
- 国食健字（食健备）
- 不含鱼油成分
- 高纯度合成维生素 AD
- 剂量符合要求
- 维生素 AD 含量比例 3:1
- 独立包装 遮光性好

为帮助大家如何选购 AD 产品，简单介绍一下维生素 AD 产品的分类。目前，市场上常见的维生素 AD 主要有三类：OTC（药品）、保健食品、食品。

OTC 药品：OTC 标识的维生素 AD 产品属于药品，医生通常用于治疗维生素 AD 缺乏症，不适宜长期食用。

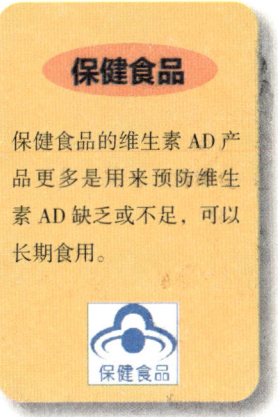

保健食品：保健食品的维生素 AD 产品更多是用来预防维生素 AD 缺乏或不足，可以长期食用。

食品：普通食品的维生素 AD 产品宣称的特定功能没有经过临床验证，适用人群和适用量也没有相关限制。

OTC 类维生素 AD 更多考虑治疗作用，强调的是医生开处方用于治疗维生素 AD 缺乏症。OTC 类维生素 AD 含量较高，长期高剂量食用可能存在中毒的风险。

保健食品类维生素 AD 以预防维生素 AD 缺乏为目的，针对人体生长发育特点，满足长期、健康地补充维生素 AD 的需要，含量根据日常需要科学配比，是预防维生素 AD 缺乏的首选。

食品类维生素 AD 属于食品范畴，如在乳制品、零食中添加维生素 AD。其含量普遍较低，且相比于 OTC 类和保健食品类，对其监管较松，产品功能没有经过临床验证。

伊可新和星鲨是 OTC 类的代表，百立乐和汤臣倍健是保健类的代表。保健类维生素 AD 营养补充剂是针对儿童生长发育特点和长期、健康补充的需要，根据孩子的日常需要而配比，孩子坚持每天合理膳食，再加上少量营养补充剂，即可满足成长需要。

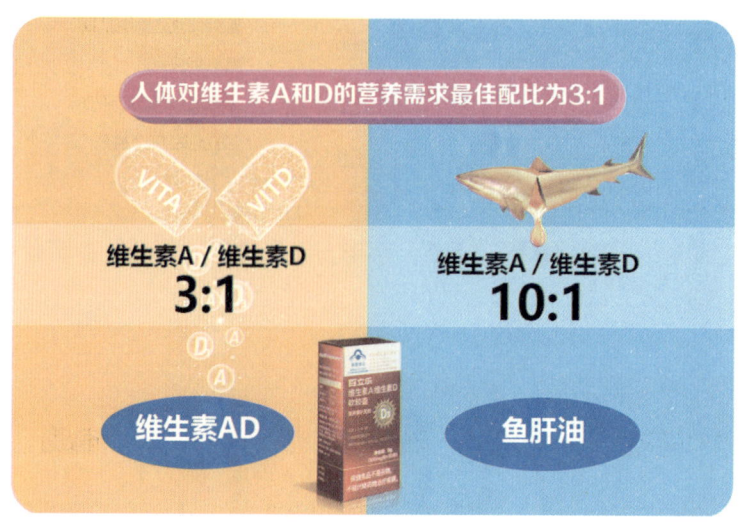

目前，随着"AD 同补"逐渐深入人心，百立乐 Natrapure、汤臣倍健、伊可新、星鲨等知名品牌，先后研发了维生素 AD 复合制剂，以量身定制的营养配比、口味等优势，让中国宝宝拥有满足实际营养需求的 AD 补充产品。

有家长可能会担心补充维生素 AD 是否会过量的问题，根据《中国居民膳食营养素参考摄入量（2013 版）》和《儿科学（第九版）》中的过量说明：儿童一次补充维生素 A 大于 30 万 IU 会导致急性中毒；婴幼儿维生素 D 每天摄入 2 万～5 万 IU，连续服用数周或数月才可能导致慢性中毒，迄今为止临床上未发生过因正常剂量服用维生素 AD 制剂导致的中毒案例。而目前市面上维生素 AD 产品，维生素 A 含量一般为每粒 500～2000 IU、维生素 D 含量一般为每粒 300～700 IU，是安全而有效的推荐量。因此，只要按说明书合理补充，不用担心过量问题。

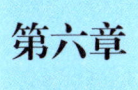

第六章

CBP 骨能量

孕产妇骨量流失对抗剂,变回"孕前的你"

孕产妇也是缺钙的重点高危人群,一方面是孕育或哺乳的孩子需要大量的钙质,另一方面是妈妈本身因钙流失亦需增加钙,从这两点来说孕产妇都应该增加钙的补充。如果钙缺失严重,不但可能会影响宝宝骨骼健康,而且会造成妈妈产后骨质疏松。

一、孕产期女性骨骼密度变化及原因

随着医疗技术的进步和社会整体教育水平的提升,越来越多的孕妇会定期地前往医院进行产检。在怀孕期间,孕妇的身体状况会实时影响腹中胎儿的生长发育情况;同时,胎儿的发育状态也会通过母亲的某些身体指标反映出来。在所有的产检项目中,孕妇的骨密度检查是绝对不能忽视的指标。

孕期妇女的骨密度是怎样变化的呢?妊娠是女性的特殊生理行为,与非孕期妇女相比,孕期妇女的钙代谢发生适应性变化,以保障胎儿获得充足的钙。人体的钙稳态是一个复杂的生理过程,孕期发生的主要调整是增加了甲状旁腺激素分泌,胎盘积极地运输钙离子,使胎儿相对于其母体血钙更高,大量的钙通过胎盘转运至胎儿,以满足其骨骼的生长发育,在这个阶段母体内 2%～3% 的钙通过胎盘转移到胎儿体内。钙的大量流失打破了母体本身的钙平衡,为了维持母体的钙稳态,骨钙的流失加速,特别是当膳食中的钙吸收无法满足需求时,母体持续性的骨量流失就可能引起骨密度下降。与非孕期相比,孕期妇女骨密度大约降低

3%。因此,妊娠会显著影响骨骼代谢,尤其是产后的骨密度会比产前降低很多,出现大量骨质丢失的现象。

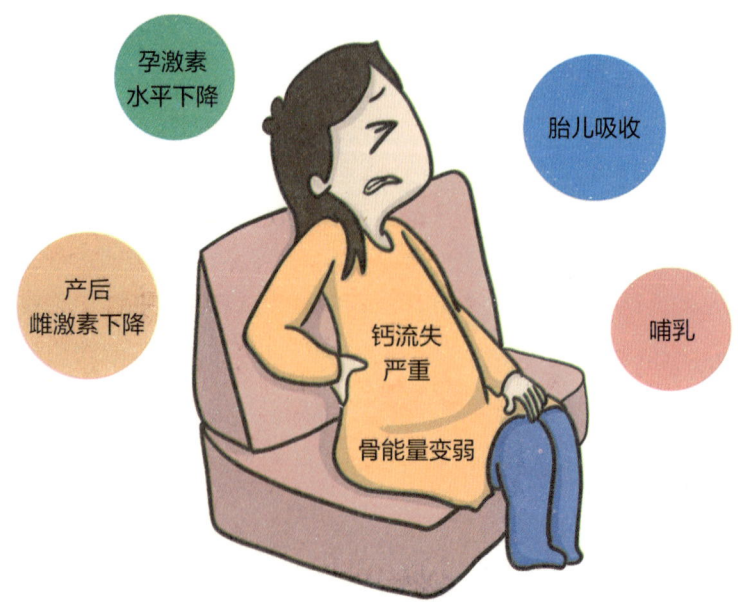

骨密度降低极易造成骨折,特别是髋部骨折。此外,它还会导致妇女年老后患骨质疏松的概率大大提高。因此,为预防产后及中老年期骨质疏松,孕妇必须时刻关注自身的骨密度情况,并通过营养摄入的方式进行动态的调整。

骨密度检查不仅可提醒孕妇关注自身的身体状况,还为胎儿的发育和其未来的成长做出相应的预警。孕期妇女体内的钙含量会影响胎儿筋骨的形成和出生后的体格发育,孕妇补钙能防止宝宝得先天性疾病。如果胎儿得不到足够的钙,很容易发生新生儿先天性喉软骨软化病,还极易患颅骨软化、方颅、前囟门闭合异常、肋骨串珠、鸡胸或漏斗脑等疾病。尤为重要的是,因为钙元素会直接影响新生儿的智力发展水平,所以钙的缺失会严重危害孩子的智力发育。同时,缺钙还会降低新生儿的免疫力,造成婴儿在出生后出现体弱多病、骨质疏松等情况。

第六章　CBP 骨能量
孕产妇骨量流失对抗剂，变回"孕前的你"

影响自身健康
骨质疏松
小腿抽筋
牙齿松动
妊高症
掉头发

影响宝宝健康
胎儿骨骼和牙齿发育不良
影响宝宝智力发育
宝宝易惊厥
发生佝偻病
低体重，出牙晚

综上所述，孕妇进行适当的骨密度检测是必要的，对自己和胎儿都很重要。通过骨密度检查，医生可以个体化地指导孕妇进行骨营养状况监测，进而帮助她们摄取适合的营养，提高钙及其它微量元素在人体中的含量，避免低骨密度对母体和胎儿的影响，最终达到优生优育及促进孕妇健康的目的。

二、孕期及产后女性骨密度减少的表现

女性生产和哺乳后，体内钙元素会大量地流失，所以骨密度检测很重要。骨密度检测在了解孕产妇的骨质情况的同时，亦可避免哺乳期留下的健康隐患，以及清除产后骨质疏松的病根。孕期及产后骨密度减少的相关表现有：

（1）骨盆密度低，走路没劲，腿软，睡觉时腿会突然抽筋等。平常在家时一定要注意多吃一些含钙的食物，如骨头汤、纯牛奶等，少吃盐分过高及油腻刺激的食物。

（2）长时间的骨密度低，有时可造成骨质疏松、呼吸功能下降等。务必去医院检查，遵医嘱服用相应的含钙药物。在平时可多运动、活动关节，有助于增加骨密度。同时，可多到室外晒太阳，增强钙的吸收。

（3）小腿抽筋。小腿抽筋一般在怀孕 5 个月时出现，且往往发生在夜间。需要注意的是，有些孕妇虽然体内缺钙却没有小腿抽筋的表现，有些孕妇的小腿抽筋也与缺钙无关。

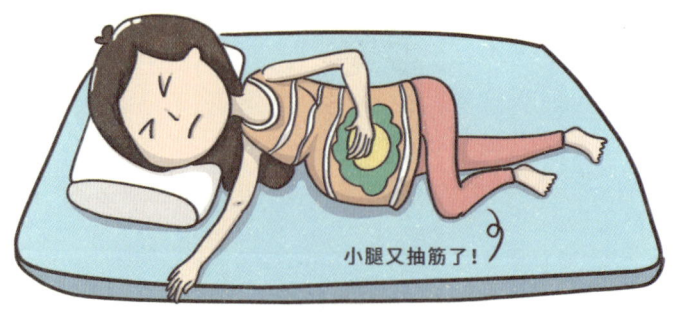

（4）妊娠期高血压综合征。缺钙与妊娠期高血压疾病的发生有一定关系，如果孕妇患上妊娠期高血压，有可能是缺钙导致的。

（5）牙齿松动。钙是构成人体骨骼和牙齿硬组织的主要元素，缺钙会造成牙齿珐琅质发育异常，抗龋能力降低，硬组织结构疏松。如果孕产妇感觉牙齿松动，有可能是缺钙了。

（6）关节、骨盆疼痛。如果孕产妇的钙摄取量不足，身体为了维持血液中的钙浓度在正常范围内，会将骨骼中的钙大量释放出来，从而引起关节、骨盆疼痛等。

需要注意的是，不少孕产期女性发现，即使不断补钙，还是会缺钙，甚至认为自己是缺钙性体质。其实原因可能有多方面。孕产期女性，特别是月子期女性本身钙流失非常多，再加上运动少、光照少、哺乳期睡眠不充足，以及情绪等诸多原因，都可能导致成骨细胞活性减弱，从而导致骨骼吸收钙的能力大大减弱。因此，孕期和产后女性不仅要关注补钙，还需要关注钙的吸收。建议出月子的女性进行骨密度检测，及时了解自身的骨骼健康状况。

三、CBP 骨能量对产后骨质疏松的改善作用

产后妇女是骨质疏松的多发人群。研究表明，骨量减少贯穿于整个孕期，特别是孕晚期及哺乳期，营养干预能预防孕期及哺乳期的骨量减少。为了预防产后骨质疏松，增加乳汁中钙含量，应适量补充钙质有利于母婴的健康。

新妈妈每天需要补充约 1200 毫克钙质，但是一般的饮食最多只能提供

200～300 毫克钙质，所以除了摄取富含钙质的食物（如牛奶、乳制品、豆制品、鱼虾）外，最好能额外补充钙片。尤其是当产妇出现腿部抽筋、腰酸背痛以及不经意的骨折时，应就医检查以确认自己是否患有骨质疏松症。

孕产期女性，不仅钙需求量大，而且骨骼吸收钙的效率低，所以补钙的关键是吸收，即提升骨骼吸收钙的效率。而 CBP 配合维生素 D、维生素 K_2 等营养素的应用，为孕产期女性维持骨骼健康提出了优化方案。维生素 D 可以帮助孕产妇将钙吸收到血液中，增加血液中的钙。CBP 可提升孕产妇成骨细胞的活性，让骨骼从血液中快速吸收钙，使钙最终贮存到骨骼上，达到锁钙的目的，从而有效增加骨密度，保持骨健康。

华南理工大学食品科学与工程学院开展的 CBP 测试结果显示，30～39 岁骨密度正常的女性，补充 CBP 三个月后，骨密度的 T 值比之前更好。其中一位 37 岁的女性受试者，食用 CBP 前骨密度的 T 值为 –1.52，食用三个月后，骨密度值为 –1.2，骨量减少情况明显好转（见图 6–1）。因此对于准备怀孕及孕产后女性而言，补充 CBP 有助于让骨密度保持良好水平。

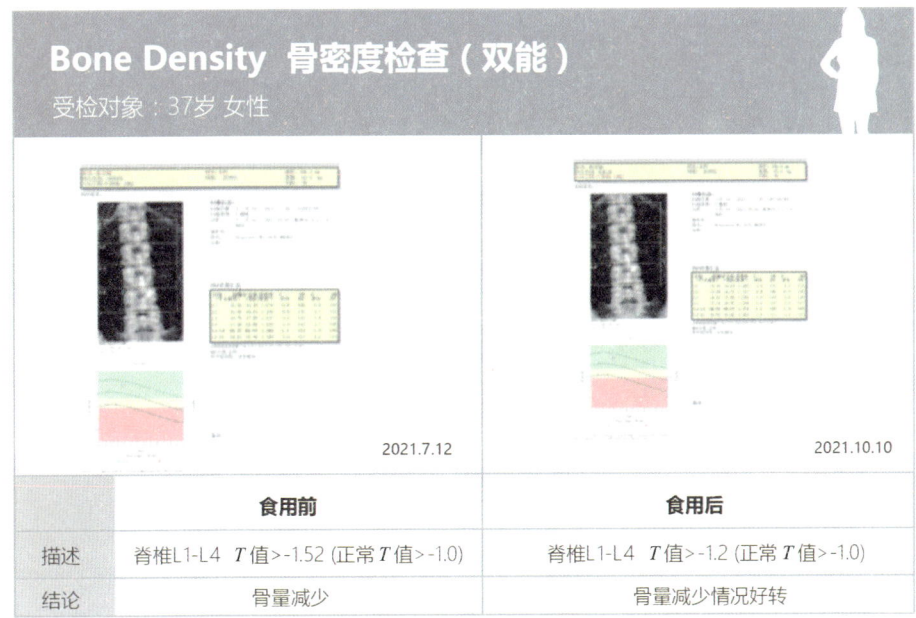

图 6-1　37 岁受试女性食用 CBP 三个月后骨质对比

目前，市场上已经有了添加维生素 D、维生素 K_2、CBP、IgG 的高钙奶粉或营养食品，每天坚持一定量的摄入，可以达到补钙和锁钙的目的。

当然，孕产期补钙，还需尽量保持适量的运动和光照，再加上充足的睡眠、愉悦的心情，以及科学的营养摄入，相信骨量会很快恢复正常。

另外，孕产期女性除关注骨骼健康外，还应特别关心自身免疫力，尽可能不生病、少吃药，让宝宝更健康。这时可选择从牛初乳中萃取的含 CBP 和 IgG 组合的营养食品，如 CBP+IgG 组合形成的 CBPS 定制营养，或者补充富含 CBP 和 IgG 的 24 小时牛初乳。

第七章

CBP 骨能量

更年期骨密度断崖式下降阻滞剂,留住青春"有骨气"

稍微细心观察就可以发现,女性进入更年期后,衰老得特别快,而且身体容易出现各种不舒服的现象,尤其是绝经后,特别容易出现骨质疏松症。有研究表明,绝经后妇女骨质疏松症的患病率为男性的 4 倍。

一、更年期女性骨量快速减少的原因

女性在绝经后的最初 5 年中,雌激素的迅速下降会让身体的成骨细胞活性被抑制,破骨细胞活性增强,骨吸收明显大于骨形成,使得骨量丢失进入快速期,每年以 2%~5% 的速度使骨量减少,从而容易引发骨质疏松症。

雌激素能够促进骨含量的保持和防止骨流失。在青年期,雌激素水平较高,骨吸收和骨转化平衡。但女性到绝经期(45~55 岁),卵巢功能下降会造成雌激素下降,雌激素的下降导致其保护作用减弱,使骨吸收的部分高于骨形成,就会出现钙质大量的丢失,从而造成骨质疏松。绝经后骨质疏松速度快,这主要是由于雌激素的保护作用减弱而引起的。

绝经后骨质疏松可分为两个阶段，第一个阶段是绝经后早期骨质疏松，以骨量迅速丢失为特点，大多数人也许还是骨量减少状态，症状较轻。

第一阶段若没有采取措施，则会很快进入第二阶段：绝经后晚期骨质疏松。虽然绝经后 10～20 年发生的骨量丢失缓慢，但老年人因继发性甲状旁腺激素亢进而更易患上严重的骨质疏松症，从而使整个晚年生活受到严重影响。

判断是否患上骨质疏松症，最好的方式是进行骨密度检测，并建议闭经期之后每年检测一次。骨密度（BMD）是诊断骨质疏松的标准，如果在骨量减少时就进行干预，可以大大降低骨质疏松症的发生。

二、更年期女性骨量减少的危害

闭经后骨量减少导致的骨质疏松症危害非常大。据统计，由绝经后骨质疏松所致的严重并发症中，在髋部骨折的病人中有 12%～14% 的人于骨折后 1 年内死于循环、呼吸、消化等系统的各种并发症，存活者中 50% 行动不便。

绝经后骨质疏松症（PMO）是一种与衰老有关的常见病，主要发生在绝经后妇女中。绝经后女性由于雌激素缺乏而导致骨量减少及骨组织结构变化，使骨脆性增加，易于骨折，以及发生由骨折而引起的疼痛、骨骼变形，且容易出现并发症，严重地影响老年人的身体健康及生活质量，甚至缩短寿命，增加国家及家庭的财力与人力负担。

与绝经相关的骨质疏松症已是不可忽视且亟待解决的社会健康问题。1996 年，WHO 将骨质疏松症定义为全身性的骨量减少，伴随骨的微结构改变，导致骨脆性增加，因而骨折危险性增加的一种疾病。2001 年美国国立卫生院共识会议提出，骨质疏松症是以骨强度受损为特征的骨骼疾病，导致骨折危险性增加。骨强度集中反映了骨密度与骨质量。骨质疏松症的病理特点是骨矿含量和骨基质成分等比例地减少，骨皮质变薄，骨小梁减少、变细，绝经后患骨质疏松症时易发生骨小梁断裂。

三、CBP 骨能量有助于提升补钙效率

其实，大多数闭经后的骨质疏松都是可以预防的，当前骨质疏松症频发主要还是因为没有引起重视。在女性进入更年期之前就重视补钙，进行钙储备，即可有效预防骨质疏松。因为此时的钙储备越多，闭经后即便有流失，仍可以控制在安全范围内。

绝经妇女每天推荐的钙摄入量为 800～1000 毫克元素钙，如果每日能喝上 600 毫升牛奶，并在饮食中加入肉类、豆制品或海产品，每日即可获得 700～900 毫克的食物钙。同时搭配钙片一起补充，可以满足身体所需的钙量。另外，闭经期女性每天应补充 400 IU 维生素 D_3。绝经后女性要多开展户外活动，以接受阳光中的紫外线照射，增加内源性维生素 D 含量。

但是，有些闭经期女性即便一直补钙，可就是补不进，身体不吸收。这是因为骨质疏松症是人体骨吸收与骨形成不平衡的结果，导致骨骼无法从血液中吸收钙，因此抑制骨吸收和促进骨形成均可治疗骨质疏松。

要提升成骨细胞，抑制破骨细胞，可在医生的指导下选择激素类药物，并进行营养干预。

前面述及 CBP 可协同维生素 D 发挥作用，促进钙吸收，提升骨密度。因此，建议女性在闭经期前、中、后坚持补钙，在补钙时搭配初乳碱性蛋白 CBP，可促进钙吸收，改善骨质强度，对骨质疏松症具有营养加持作用。

华南理工大学食品科学与工程学院开展的 CBP 测试结果显示，在取得显著改善效果的受试者中，从年龄段分析，40～59 岁的成人短期内补充 CBP，比其他年龄段食用的效果更明显，特别是 40～49 岁这个年龄段。可见，<u>更年期女性、闭经期女性补充 CBP，对保持和提升骨密度的促进效果更显著</u>。

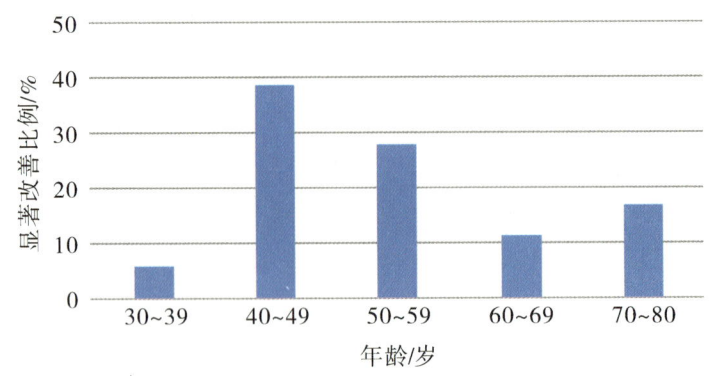

图 7-1　不同年龄段人群服用 CBP 后骨质显著改善情况对比

闭经期骨量流失不可避免，关键是前中后如何预防与干预。在闭经期前储备充足的骨量，在闭经期提升骨骼吸收钙的效率，在闭经后逐步恢复骨量。这三个阶段都与补钙和骨能量密切相关。

CBP 对更年期女性的最大营养价值在于为骨骼提供能量，促进钙的吸收效率，而越早补充效果越好。当前，搭配了维生素 D 和 CBP 的高钙牛奶、高钙奶粉和营养食品，非常适合闭经期女性，建议在更年期前开始食用。

第八章 CBP 骨能量

中老年骨质疏松阻击剂，健步如飞"加骨劲"

骨质疏松症是常见的骨骼慢性疾病，发病率排在常见病的第六位。我国有超 7000 万人患骨质疏松症，同时还有约 2 亿人骨密度低于正常骨量，存在患骨质疏松的风险。

每年的 10 月 20 日是世界骨质疏松日，世界卫生组织（WHO）于 1996 年定义"骨质疏松症"是一种以骨量低、骨微结构破坏，导致骨脆性增加，易发生骨折为特征的全身性骨病（见图 8-1）。

构成骨的物质减少 ➡ 骨量低下
骨组织微结构破坏 ➡ 骨强度下降
骨脆性增加 ➡ 易致骨折

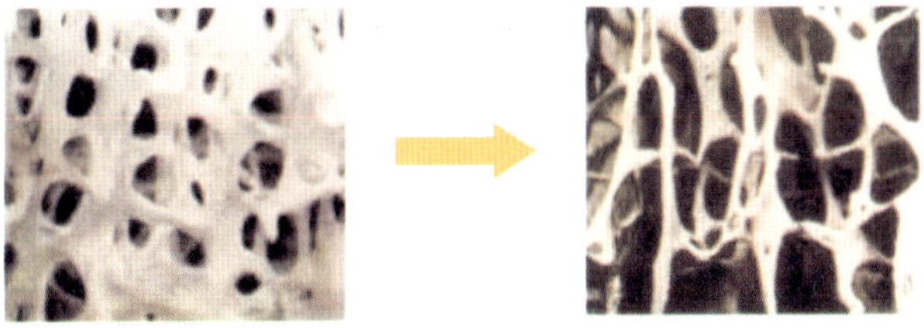

图 8-1　骨质疏松症的特点

骨质疏松被称为"沉默的杀手"，早期症状不明显，很多患者是在遭遇由骨质疏松引起的骨折后才被确诊。一旦确诊后，就像一棵树的树干空心后很容易被风雨折断，此时，患者面临骨折、残疾或并发症致死的风险，让一个家庭陷入病痛折磨之中。

对于老年人来说，骨质疏松还可能导致意外发生。经常听到身边有这样的案例，家里有老人突然骨折了，卧床一段时间后就去世了。只是骨折而已，为什么会导致如此严重的后果呢？那是因为骨质疏松对身体有很多危害。

一、骨质疏松症的症状及危害

骨质疏松症主要分为原发性和继发性两大类，其常见症状如图 8-2 所示。原发性骨质疏松症可分为绝经后骨质疏松症（Ⅰ型）、老年性骨质疏松症（Ⅱ型）和特发性骨质疏松症（包括青少年型）三种。绝经后骨质疏松症一般发生在妇女绝经后 5～10 年内，老年性骨质疏松症一般指老人 70 岁后发生的骨质疏松，而特发性骨质疏松症主要发生在青少年。骨质疏松有哪些危害呢？

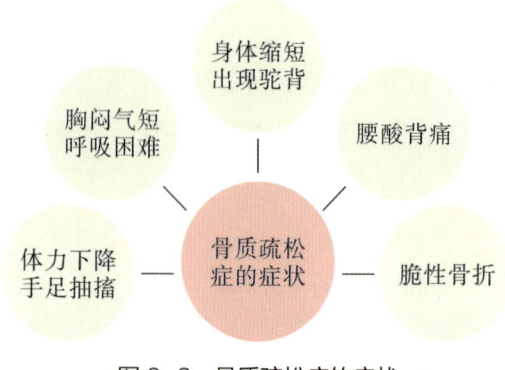

图 8-2 骨质疏松症的症状

危害 1：疼痛。

疼痛是骨质疏松最常见的症状，主要表现为腰背部疼痛，痛感沿脊柱向两侧扩散，仰卧或坐位时疼痛减轻，站立时后伸或久坐、久立时疼痛加重，日间疼痛轻，夜间和清晨起床时加重。弯腰、肌肉运动、咳嗽、排便用力时疼痛感进一步加重。

危害 2：身高缩短、驼背。

骨质疏松易引起人体身高缩短、驼背，多发于疼痛之后。脊椎椎体前部主要为松质骨，而且此部位作为身体的支柱，负重量比较大，容易受压缩而变形，导致脊柱前倾，背曲加剧，形成驼背。随着年龄的增长、骨质疏松程度的加深，驼背曲度则越大。老年人骨质疏松时椎体受到压缩，每节椎体约缩短 2 毫米，进而导致身长平均减少 3~6 厘米。

危害 3：骨折。

骨折是退行性骨质疏松症最常见和严重的危害，多发生于患者咳嗽、打喷嚏、大笑、屈身拣拾物品或摔跤时。骨质疏松所引起的骨折常见于腰椎、股骨颈、全髋等部位。

危害 4：呼吸功能下降。

胸椎、腰椎压缩性骨折引起的脊柱后弯、胸廓畸形会进一步造成肺活量和最大通气量显著减少，从而导致患者出现心慌、气短、呼吸困难等症状。

危害 5：其它危害。

骨质疏松还可引起患者腹胀、便秘以及牙齿松动、脱落、折断等危害。

综上，特别提醒中老年人：务必重视骨质疏松症，尤其是 50 岁以后，若出现不明原因的腰背疼痛或腿疼，应该及早就医查明病因。

二、引起骨质疏松的原因

既然骨质疏松造成的危害这么多而且严重，相信很多人都迫切地想知道中老年易发骨质疏松的原因。引起骨质疏松危险因素诸多，具体可归结为以下几点。

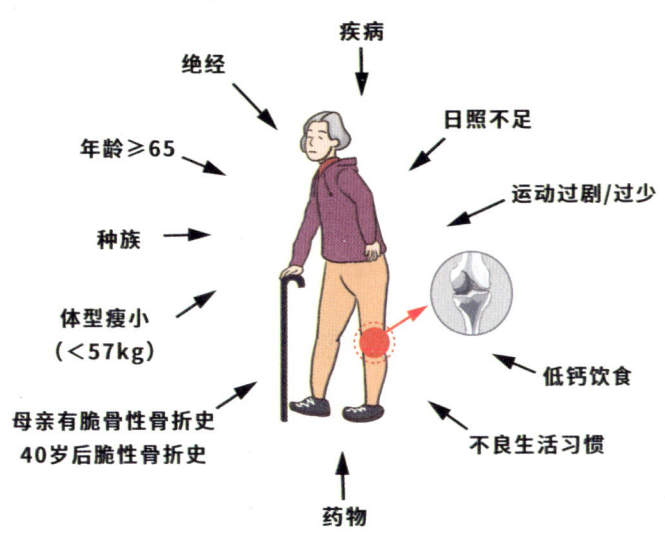

（1）体内活性维生素 D 减少。随着年龄的增加，活性维生素 D 在机体内出现代谢障碍，从而引起各种活性维生素 D 减少，影响骨吸收。

（2）激素水平降低。不论是男性还是女性，随着年龄的增长都会出现性激素水平的下降，而雌激素和雄激素在骨代谢中是重要的骨代谢调节激素，激素水平下降会导致骨丢失加速。

（3）降钙素减少。降钙素的主要功能是抑制破骨细胞活性，故在其浓度降低时可导致破骨细胞数量和活性均会相应增加，加速骨破坏过程。

（4）皮质类固醇增加。皮质类固醇可抑制肠钙吸收，促进尿钙排出，继而引发甲状旁腺激素分泌上升，刺激破骨细胞增加骨吸收，减少新骨形成，减少成骨细胞的生成。

（5）营养因素。由于中老年膳食摄入的钙、蛋白质等减少，体内骨矿物质与骨基质两大营养成分减少，因此，较易发生骨质疏松症。

（6）运动不足和负重运动少。运动尤其是负重运动可提升骨峰值，减缓骨量丢失。由于中老年人群运动量减少或只做一些强度较低的轻微运动，骨量丢失进一步增多。

（7）吸烟、饮酒。吸烟可加速骨吸收进程，加速骨量丢失，引起小肠钙吸收下降；吸烟还可引起女性较早绝经。另外，嗜酒、酗酒等可使成骨细胞数量减少从而抑制成骨作用。

不健康的生活方式和年龄增大是骨质疏松症高发的主要原因，而人们对骨质疏松症的认知水平及骨密度检测率较低是导致我国低骨量人群庞大的重要原因。

三、老年人骨质疏松如何判定

骨密度的全称是骨骼矿物质密度，是骨骼强度的一个重要指标。在临床使用骨密度值时通常使用 T 值判断骨密度是否正常。T 值是一个相对值，正常参考值在 −1 和 +1 之间，T 值在 −1 到 −2.5 之间为骨量低下，当 T 值低于 −2.5 时即为骨质疏松，如表 8-1 所示。

表8-1　骨密度情况的判断标准

诊　　断	T 值
正常	≥ −1
骨量低下	> −2.5 且 < −1
骨质疏松	≤ −2.5

大多数人没有检测骨密度的意识，很多人第一次检测骨密度都是在确诊骨质疏松的时候。因此，建议 40~60 岁人群每两年进行一次骨密度检测，60 岁之后每年检测一次。正常骨和骨疏松骨的对比如图 8-3 所示。

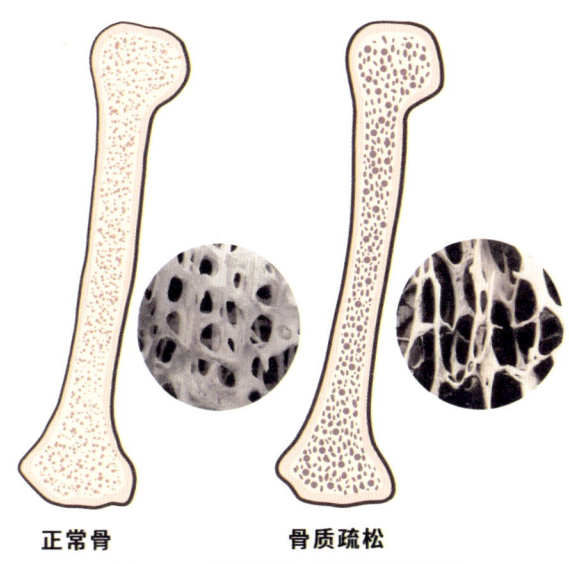

图 8-3　正常骨和骨疏松骨的对比

对子女而言，对父母最大的孝顺，无疑是关注他们的健康。带父母做一次骨密度检测，比送其它礼物更有意义。健康的骨骼不仅可让父母更好享受晚年生活，还可减轻子女的赡养负担。

四、CBP 骨能量有助于中老年骨骼健康

骨质疏松是机体老化过程中的现象，并且可以发生于全身的骨骼，借助常

规的药物根治非常困难。目前来说，对骨质疏松的预防应大于治疗，即年轻时就要采取有效措施来防止其发生，或者延滞其病发的时间。只有年轻时让骨头更坚强、健康，它才能在年老的时候更好地支撑我们的身体。

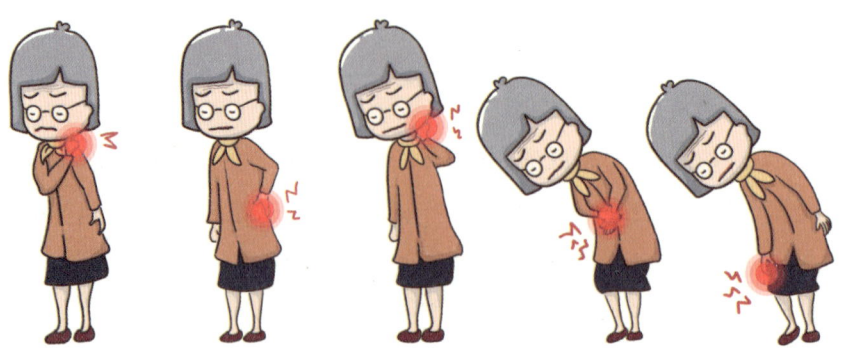

人生骨量的变化规律为：从小开始一直在储存骨量，通过骨骼吸收营养来完成，骨量不断增加，到35～40岁，人储存的骨量一般就达到了最高峰，称为峰值骨量，然后骨量开始下降。峰值骨量的提高是防止骨质疏松危险性的主要因素，峰值骨量增加10%，可使骨质疏松导致的骨折发病率降低50%。

我国居民的钙摄入量普遍偏低，仅达推荐摄入量的50%左右，因此，在儿童青少年时期应加强高钙食品或钙强化剂的摄入，以尽量提高峰值骨量，预防和延缓成年后骨质疏松症的发生。在成年和老年时期，应多摄入钙质，延缓骨钙的丢失。

几乎所有骨骼专家都认为：骨质疏松的预防效果远远大于药物治疗，药物的疗效作用非常有限，应该从预防开始。其中，补钙最为关键，包括保证充足的日照、适量的运动以及健康的饮食。

老年人要补钙已是所有人的共识，但很多人发现老年人对钙的吸收效果往往很差，钙补不进去。这是因为，随着年龄的增加，老年人骨骼中的成骨细胞活性逐步减弱，破骨细胞活性增强，钙的流失速度大于吸收速度。因此，随着人们对补钙的研究越来越深入，关注的重点已经延伸到骨骼内部。

CBP开创了人类骨骼保健的全新时代，即骨骼的全面修复及再生阶段。前面章节已介绍了CBP的作用原理，即可以将初乳碱性蛋白CBP比喻为催化剂或者指挥官，可协调骨骼中成骨细胞和破骨细胞的活动，既能刺激成骨细胞的增殖，同时也能抑制破骨细胞的活性，具有促进骨发育和维持骨密度的重要作用，让骨骼更健康，从被动补钙到主动吸收钙。因此，CBP 有助于中老年人骨骼吸收钙，让骨骼更健康。

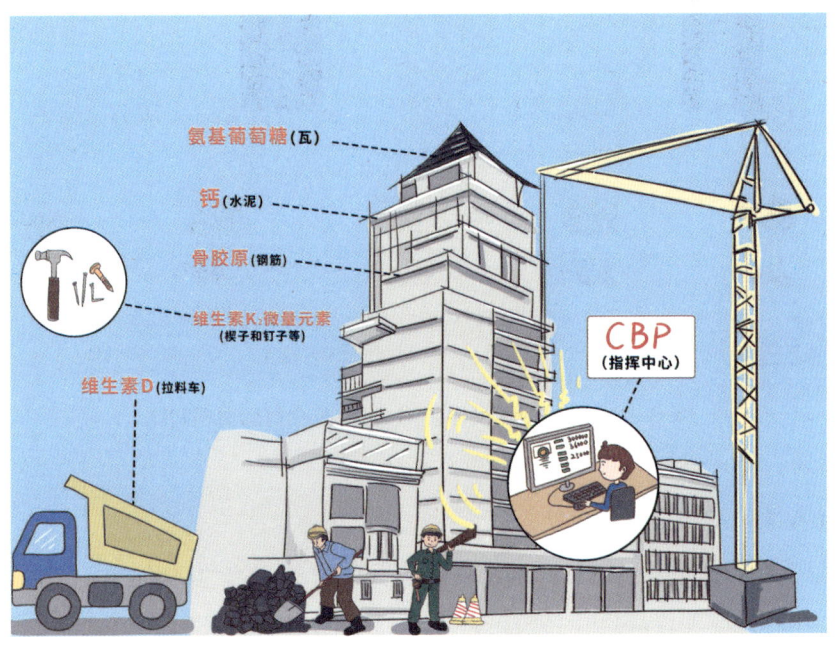

对于骨质疏松患者，通过药物治疗的原理也是如此。有效的抗骨质疏松症药物均是抑制破骨细胞，以减少钙流失，从而维持骨密度，这与 CBP 的作用原理相似。

华南理工大学食品科学与工程学院开展的 CBP 测试中发现一个典型案例。一位 71 岁女性受试者，食用 CBP 前骨密度的 T 值为 -5.3，食用 CBP 三个月后，骨密度的 T 值为 -4.2，骨密度明显改善（见图 8-4），据本人反馈说脚疼的症状好转。

测试还显示，中老年男性补充 CBP，40 岁之前和 50 岁之后产生的效果比较好，例如骨量减少的，调理后恢复正常；骨质疏松的，调理后得到改善。受试者中有这样一个案例：一名 69 岁男性，补充 CBP 前骨密度的 T 值为 -4.2，已是严重的骨质疏松；补充 CBP 三个月后，骨密度的 T 值为 -2.45，骨密度明显得到改善（见图 8-5）。

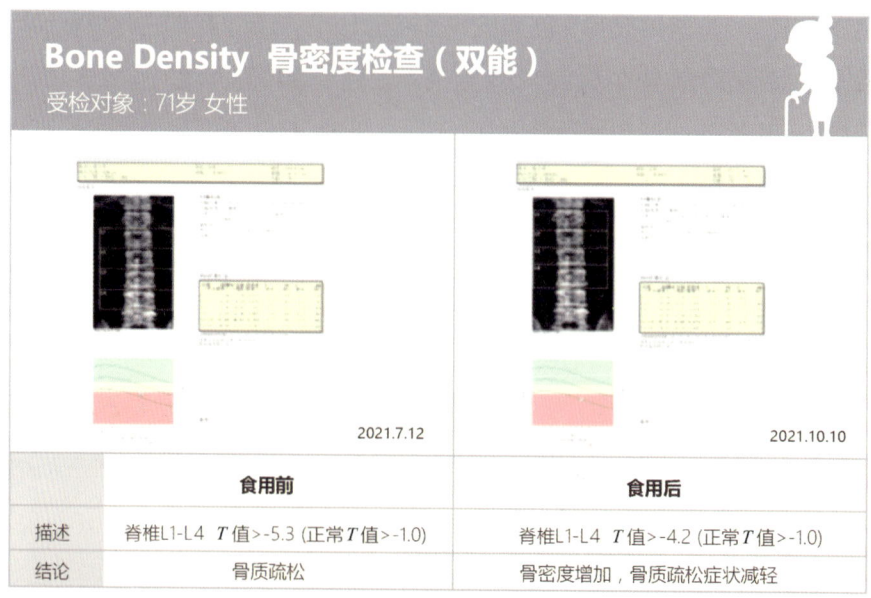

图 8-4　71 岁受试女性食用 CBP 三个月后骨质对比

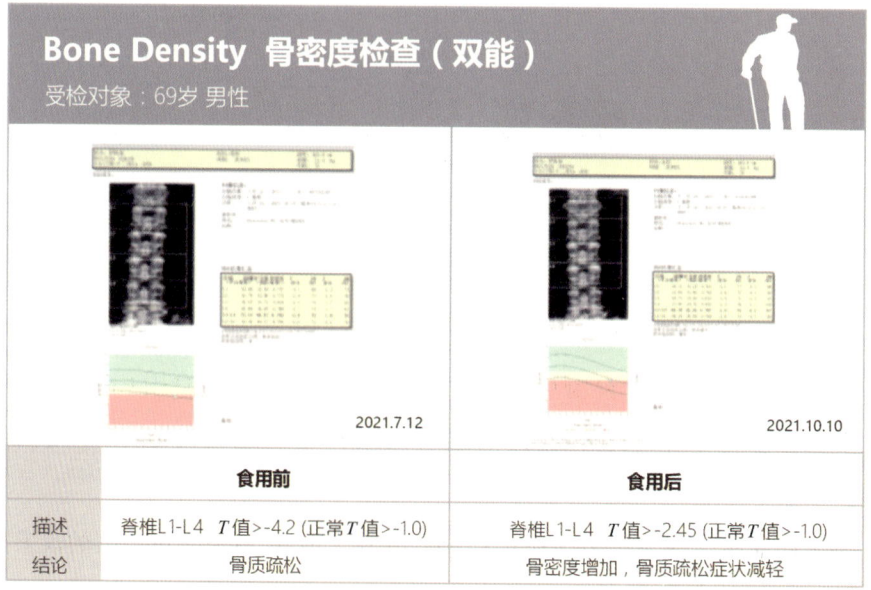

图 8-5　69 岁受试男性食用 CBP 三个月后骨质对比

由此可见，对于骨质疏松症的老年人，短期内食用 CBP 对提高骨密度、改善骨质疏松症状是有帮助作用的。

第九章　CBP 骨能量的营养搭档

　　CBP 不仅可以单独添加到营养食品中，还可与其它营养素搭配发挥更好的效果。如 CBP 搭配维生素 AD、维生素 K_2、免疫球蛋白 IgG、智能营养素磷脂酰丝氨酸 PS 等构成 CBPS 定制营养等。为便于概括和理解，我们用 CBP'S 来泛指 CBP 骨能量与其它营养素组合搭配作用于骨骼（skeleton）的有关功能及营养。

一、CBP 和维生素 D、K_2 协同促进钙吸收

　　科学补钙的关键，首先在于了解钙从摄入到骨骼吸收的过程。钙的吸收过程犹如接力赛，历经两个关键环节：首先，含钙的食物进入肠道，肠道溶解吸收钙到血液中；然后，骨骼从血液中吸收钙，贮存于骨骼中，从而实现增强骨密度的效果。然而，过去的补钙产品几乎都停留在钙从小肠到血液这个阶段，而忽视了从血液到骨骼的吸收过程，

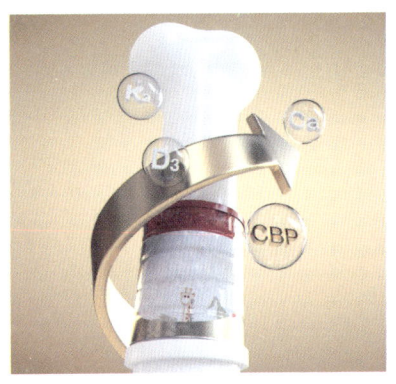

这也是导致很多人补钙效果差的主要原因。其本质其实是因为骨骼中的成骨细胞活性弱，骨骼吸收钙的能力弱。因此，补钙应聚焦于其关键点，帮助骨骼提升骨能量，从而更好地吸收钙。

维生素 D 的主要作用是调节钙、磷代谢，促进肠内钙磷吸收和骨质钙化，维持血钙和血磷的平衡。具有活性的维生素 D 作用于小肠黏膜细胞的细胞核，促进运钙蛋白的生物合成。运钙蛋白和钙结合成可溶性复合物，从而加速了钙的吸收。维生素 D 促进磷的吸收，是通过促进钙的吸收而间接产生作用的。因此，活性维生素 D 对钙、磷代谢的总效果为升高血钙和血磷，使血浆钙和血浆磷的水平达到饱和程度，有利于钙和磷以骨盐的形式沉积在骨组织上，促进骨组织钙化。

钙来源于食物，首先需要经小肠消化吸收到血液，然后从血液到骨骼。图 9-1 是钙在人体内的吸收转化过程示意图。

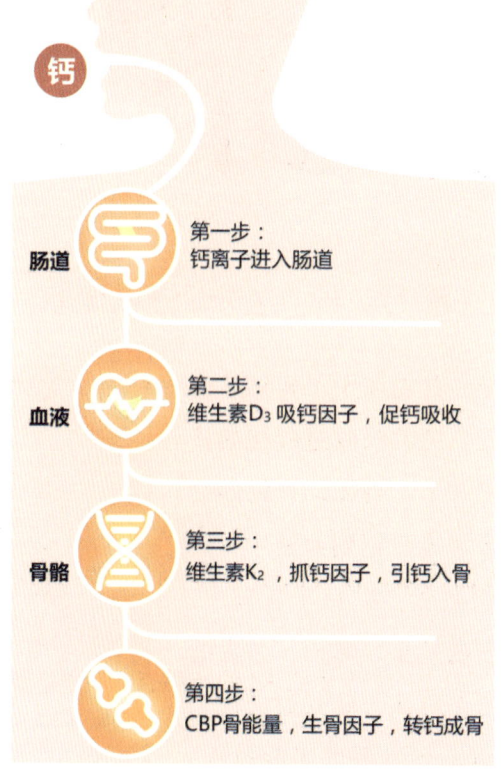

图 9-1 钙在人体内的吸收过程

众所周知，晒太阳有助于补钙，这是因为紫外线可帮助人体合成维生素 D，而维生素 D 可以促进钙吸收。但是，<u>维生素 D 的作用主要在肠道，能促进钙经肠道溶于血液里</u>，而对于骨骼从血液中吸收钙的作用却明显减弱。维生素 D 促进钙吸收只是完成了上半程，因此，补钙只补了一半。加入 CBP 后将构成完整的补钙过程，如图 9-2 所示。<u>当维生素 D 促进钙从小肠进入血液后，CBP 便开始接力，完成促进钙从血液到骨骼的下半程。</u>

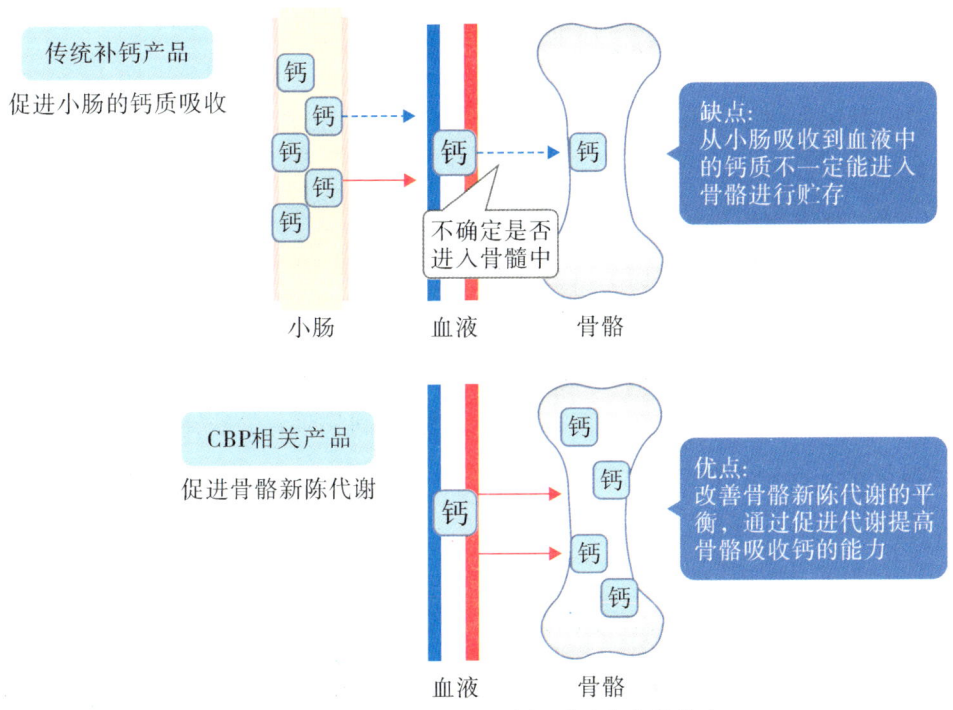

图 9-2　不同补钙产品的作用

从图 9-2 中可以看出，传统补钙为骨骼被动补钙，吸收具有不确定性。而 CBP 骨能量可促进骨骼代谢，让骨骼主动吸收钙，锁住钙。因此，对于儿童青少年、孕产妇、中老年人等需要提升骨密度的人群，补钙除了补充钙和维生素 D 外，还可合理搭配富含 CBP 和维生素 K_2 的产品，三者协同可以更科学有效地补钙，即 DKC 黄金组合骨能量。

初乳碱性蛋白 CBP 与骨骼健康

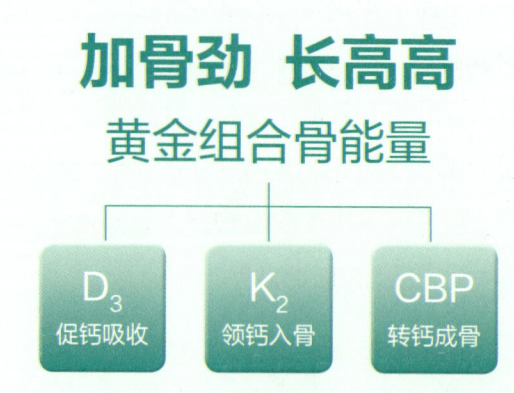

目前，维生素 D、K_2、CBP 主要是以单一形式作为促进骨骼健康的营养物质被应用，而同时将维生素 D、K_2、CBP 做成组合的产品则非常少。

根据不同人群的营养需求，DKC 黄金组合骨能量非常适用于儿童、孕产妇调制乳粉类营养食品。

专家对 CBP 的作用机理进行深入研究后发现，CBP 可以帮助维生素 A、维生素 D 为人体构建更完整的骨健康旅程，提高从血钙到骨骼的转化，所以 CBPS 定制营养被认为是维生素 AD 的黄金搭档，共同构建人类全生命周期健骨解决方案。

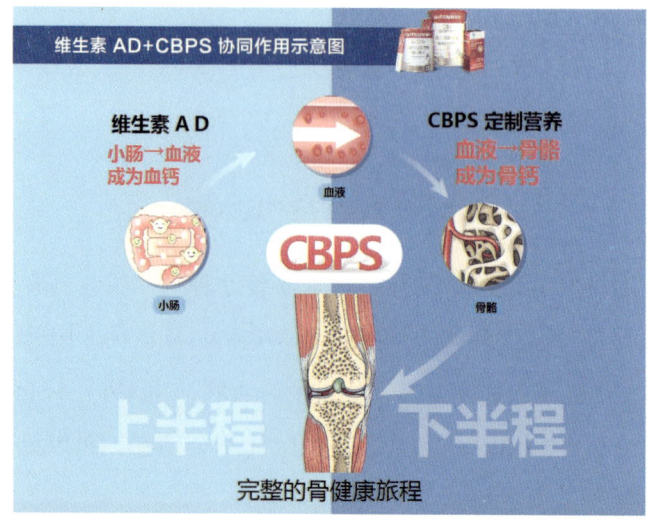

二、CBP 搭配免疫球蛋白 IgG——双蛋白、双功效

牛初乳被科学家描述为"大自然赐给人类的真正白金食品"。

牛产犊后 7 天内的乳汁称为牛初乳，牛初乳含有大量的免疫因子和生长因子，如免疫球蛋白、乳铁蛋白、初乳碱性蛋白、溶菌酶、类胰岛素生长因子、表皮生长因子等。其中免疫球蛋白和生长因子如图 9-3 所示。科学研究证明，牛初乳具有免疫调节、改善胃肠道、促进生长发育、改善衰老症状、抑制多种病菌等一系列生理活性功能，被誉为 21 世纪健康"乳白金"。

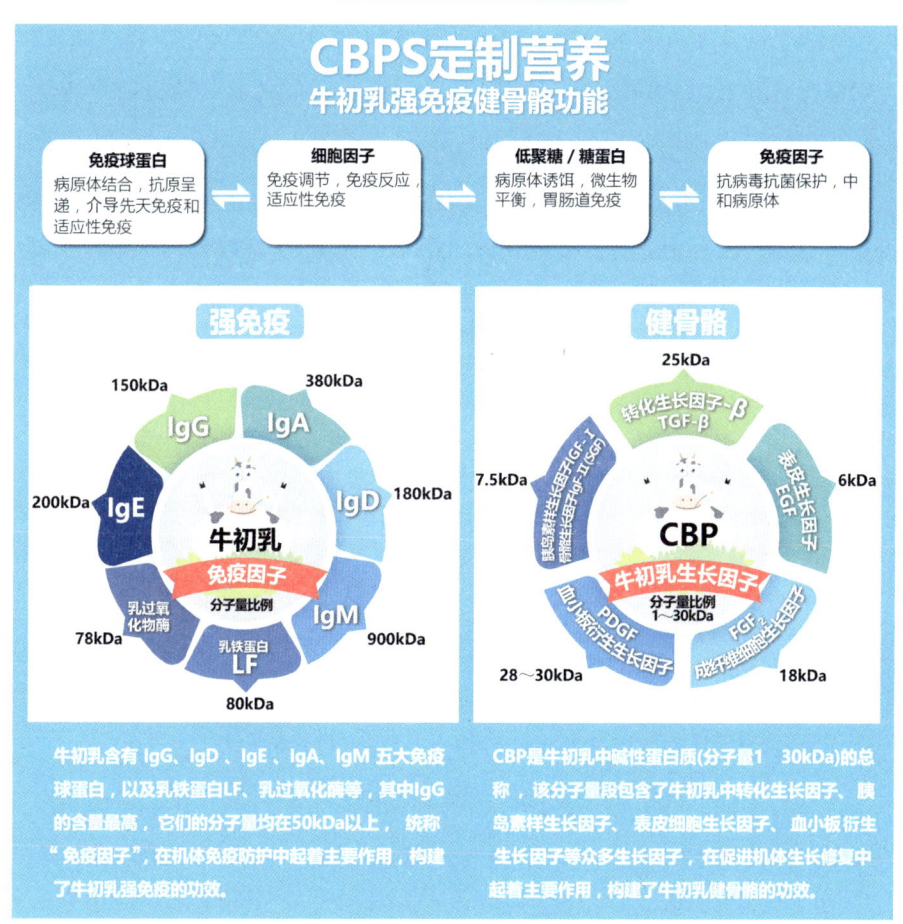

图 9-3　牛初乳中的免疫球蛋白和生长因子

观察研究发现，骨密度与免疫力往往伴随存在，骨密度低的人群往往免疫力也弱，而骨密度高的人群免疫力也会更好。因此，骨骼健康与免疫力紧密关联，

需同时提升免疫力与骨骼健康。在后疫情时代，健康焦虑普遍存在，投资健康将成为最长久的投资，全民提升自护力时代已来临，这正是 CBPS 定制营养——CBP 创新应用的价值所在。

生长因子 CBP 和免疫因子 IgG 均来源于牛初乳，二者可协同作用。临床研究建议每日摄入 50～100 毫克初乳碱性蛋白 CBP、100～200 毫克免疫球蛋白 IgG（相当于 0.5～1 克牛初乳中 IgG 的含量），可达到富含 CBP 的 24 小时原生牛初乳的"强免疫、健骨骼"的自护力特性。有学者将 CBP+IgG 黄金配方简称为"CBPS 定制营养"。

CBPS 定制营养浓缩初乳精华营养 CBP 和 IgG 等，具有强免疫、健骨骼的双重功效。目前，已有企业将 CBPS 定制营养配方应用于奶粉和营养食品。

双蛋白、双功效

CBP+IgG 组合助力实现免疫平衡和骨骼健康

目前，美国、新西兰、中国是全球最主要的牛初乳生产国，已经有充分详实的临床研究证实了牛初乳的营养价值，并且随着对牛初乳的应用逐步深入，免疫球蛋白、乳铁蛋白、初乳碱性蛋白等已被开发成细分营养品，这也进一步证实了牛初乳的营养价值。

牛初乳营养价值高，但也有不少人担忧其安全性。正如中国免疫学会常务理事、国家儿童医学中心（上海）、上海交通大学医学院附属上海儿童医学中心过敏/免疫科陈同辛主任所说："早些年大家都担心牛初乳里可能含有激素，实际上现在的研究发现，牛初乳的激素并没有高过常乳中的激素，这一点顾虑是可以打消的。"

众多权威机构和专家的研究表明，严格按照标准生产的牛初乳，其各项指标非常安全，适合各年龄段人群食用。

因此，牛初乳被科学家描述为"大自然赐给人类的真正白金食品"，美国食品科技协会将牛初乳列为 21 世纪最佳发展前景的非草药类天然健康食品。

三、CBP 搭配智能营养素 PS

磷脂酰丝氨酸（phosphatidylserine，简称 PS）是一种天然生物膜磷脂，是大脑细胞膜的组成部分之一，能提高认知、改善记忆力、提升专注度等，因此被誉为继胆碱和"脑黄金"DHA 之后的第三代新兴"智能营养素"。国内外专家 25 年来发表的关于 PS 的 3000 多篇相关论文，证实了 PS 是促进大脑功能、提高记忆力的有效手段。专家认为，这种天然物质能够帮助细胞壁保持柔韧性，并且能够提高传送大脑信号的神经递质的效率，帮助大脑高效运转，激发大脑的活化状态。其功能主要是改善神经细胞功能，调节神经脉冲的传导，增进大脑记忆功能，由于其具有很强的亲脂性，吸收后能够迅速通过血脑屏障进入大脑，起到舒缓血管平滑肌细胞、增加脑部供血的作用。

总结来说，PS 与 DHA 一样，具有益智健脑的作用，如图 9-4 所示。

图 9-4　PS 对健康的有益作用

中国人民解放军陆军军医大学营养与食品安全研究中心在 2011 年做了人群试食研究[①]。试验对象为重庆巴蜀中学高三级的 120 名学生（男女各 60 名），随

---

① 唐勇，张乾勇，糜漫天，等. 强化磷脂酰丝氨酸纯牛奶改善记忆力人群试食研究[J]. 重庆医学，2011, 40（30）:3022-3023, 3026.

机将学生分为对照组和干预组，男女学生比例一致，干预组每天饮用添加100毫克的PS纯牛奶250毫升，对照组每天饮用普通纯牛奶250毫升。试验前后对受试者进行记忆力评分，评分方式采用临床记忆量表标准方法。40天的试验结束后，PS干预组的各分量表得分及总分显著高于对照组。试验证明，PS牛奶对学生记忆力有显著的改善和提高作用。

PS作为一种生物活性物质，有着独特的理化性质和营养价值。欧美、日韩等众多国家和地区的药品食品管理部门都将PS列为营养品、保健品、医药、日常食品的添加物。虽然2011年我国就把PS列入新资源食品名录，但其在国内并没有被广泛应用，添加到奶粉中的情况更是少见，各界也很少对PS进行深入宣传。

PS主要是通过日常饮食补充。值得注意的是，虽然PS的营养价值极高，但在过去的几十年里，现代饮食结构的变化使得PS的摄入量大幅降低。1980年代，PS的摄入量为250毫克/日，现在仅为130毫克/日，降低了48%。而PS的相关营养食品也非常少。

随着培芝、海王、君乐宝、百立乐等品牌推出儿童奶粉或营养品，并以PS支撑的益智功效作为产品的核心卖点之一，外界才开始认识到PS的真正营养价值。

基于CBP骨能量的作用机理，搭配免疫球蛋白IgG，以及智能营养素磷脂酰丝氨酸PS，非常适合儿童、孕产妇、中老年等人群，既可以满足他们健骨的需求，又能为大脑提供营养支持。为方便理解和记忆，这一营养搭配可简称为CBPS骨能量。

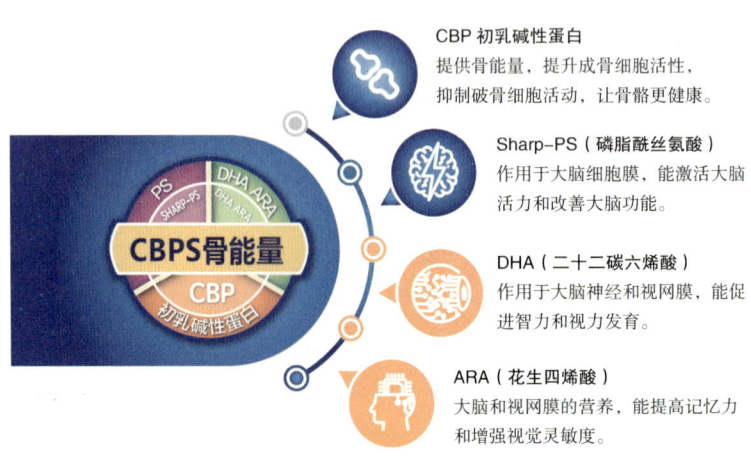

第十章 CBP 新资源食品相关标准

基于 CBP 的营养价值及安全性验证，CBP 在 2009 年被我国列入新资源食品名录，标准的确立为 CBP 产业的健康发展提供了保障。CBP 也已获得了新西兰食品安全局（NZFSA）的"适合人类食用"认证。

一、CBP 新资源食品标准细则

国家卫健委官方公布的 CBP 新资源食品标准写明，CBP 来源于牛初乳，并说明了生产工艺，使用范围包含乳制品、含乳饮料、糖果、糕点、冰淇淋，但不包含婴幼儿食品，食用量 ≤ 100 毫克 / 天，如图 10-1 和表 10-1 所示。

图 10-1　初乳碱性蛋白被列为新资源食品的公告

表 10-1　公告附件中的 CBP 新资源食品标准

中文名称	初乳碱性蛋白粉	
英文名称	Colostrum Basic Protein	
基本信息	来源：牛初乳	
生产工艺简述	以牛初乳为原料，经杀菌、脱脂、离心分离、去除酪蛋白、α-乳白蛋白、β-乳球蛋白、微滤、超滤、冷冻干燥等工艺而制成的	
食用量	≤ 100 毫克 / 天	
质量要求	性状	乳白色粉末
	蛋白质含量	≥ 80%
	1～30 kDa 分子量比例	≥ 50%
	水分	≤ 7%
	灰分	≤ 3%
其他需要说明的情况	使用范围：乳制品、含乳饮料、糖果、糕点、冰激凌，但不包括婴幼儿食品	

二、CBP 标准关键信息解读——食用量、食用人群

虽然 CBP 目前仍是食品范畴，但是其营养价值非常突出，围绕新资源食品标准，有几大关键信息值得解读。

1. CBP 源自牛初乳

CBP 在中国和日本有不同的名称。CBP 在日本的名称为乳碱性蛋白（MBP），MBP 是从牛奶中提炼而来的。而中国称为初乳碱性蛋白（CBP），来源于牛初乳。牛初乳中 CBP 含量远远高于普通牛奶，为 CBP 规模化生产创造了条件。

牛初乳是母牛产下小牛后 7 天内的乳汁，其中免疫因子和生长因子的含量要高于普通牛奶。但不管是 CBP 还是 MBP，其物质的功能是一样的，只是来源有差异。

2. CBP 食用量

不同的国家对 CBP 的食用量标准有一定的差异，日本的研究测试常采用的是 60 毫克/天的标准，而中国 CBP 新资源食品的相关标准中上限是 100 毫克/天。

这与每个国家的饮食习惯有一定关系。虽然牛奶中仅含微量的 CBP，但日本、韩国、欧美国家和地区的人均饮奶量要远远超过我国，所以通过牛奶摄入的钙和 CBP 等营养物也要高过我国。我国居民牛奶消费量普遍较低，大多数儿童青少年、中老年人没有饮奶的习惯，标准相对更高一些更符合我国国情。

3. CBP 食用人群

婴幼儿属于母乳喂养或配方奶粉喂养时期，营养有充分的保障，骨骼原本成长就非常快，加上婴幼儿肠胃娇弱，对食物的敏感度更高，所以国家并不推荐 CBP 给婴幼儿食用。

CBP 主要是作用于骨骼，孩子在 36 个月龄以后的饮食结构逐渐接近成人，骨骼营养成为长高的关键，骨量会逐步增加，35 岁左右骨量达到顶峰。40 岁之后，骨量将出现下降，骨骼开始进入老化期。年轻时尽可能多地储备骨量，年老时尽量延缓骨量下降的速度，才能让老年时骨骼保持健康。

4. 分子量比例

根据国家新资源食品公告的说明，CBP 初乳碱性蛋白粉是牛初乳中 1~30 kDa 分子量段的蛋白组合，而该分子量段包含了牛初乳中绝大部分生长因子。因此，CBP 并不是单一营养元素，而是牛初乳中分子量小于 30kDa 的所有生长因子的总和，包括转化生长因子、胰岛素样生长因子、表皮细胞生长因子等。

从图 10-2 可以看出，牛初乳中的 IgG、IgD、IgE、IgA、IgM、乳铁蛋白 LF、乳过氧化酶等免疫因子的分子量均在 50 kDa 以上，而生长类营养因子的分子量主要在 30 kDa 以下，两类营养因子的层次较为分明。

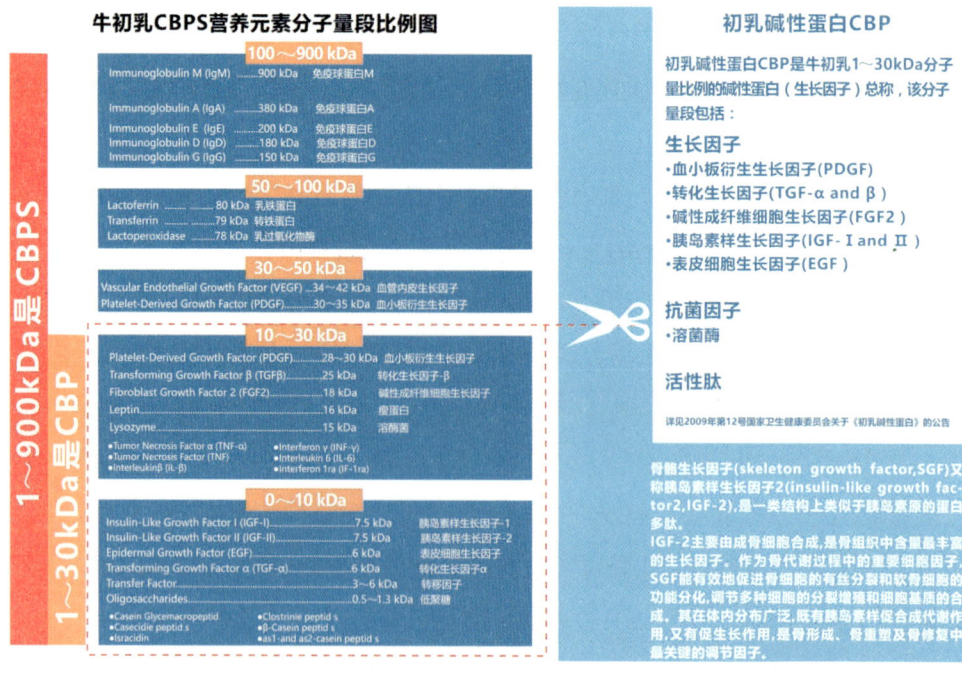

图10-2 牛初乳中CBP（1～30 kDa）的成分组成

研究表明1～900 kDa分子量的生长因子和免疫因子是牛初乳最核心的营养物质。

国家新资源食品公告将牛初乳1～30 kDa分子量段碱性蛋白统称为CBP，包括了牛初乳大部分生长因子，明确展现牛初乳健骨骼的突出功能。

CBP与牛初乳的组合被称为CBPS定制营养，并以科学研究及临床实验的量化数据作为依据，全面突显牛初乳1～900 kDa分子量段免疫因子及生长因子的强免疫、健骨骼的营养价值。

由此可见，前面章节介绍到CBPS定制营养具有强免疫、健骨骼的功效，是充分利用了CBP+IgG、CBP+24小时牛初乳形成的"免疫因子+生长因子"的组合营养配方。

需要说明的是，并不是所有牛初乳都含有高含量CBP。华南理工大学食品科学与工程学院的检测发现，不同时间采集、不同生产工艺的牛初乳，其中的CBP的含量有巨大差异，CBP含量最高的是采用特殊工艺生产的24小时牛初乳，原生CBP含量可以高达35%，其它普通牛初乳中CBP的含量则较低。

第十一章 CBP 的应用前景

随着 CBP 的营养价值逐步被认知，越来越多的食品开始添加 CBP，并将其作为产品的独特卖点。目前，已有牛奶、酸奶、奶粉、乳片、营养食品等相关的 CBP 产品。

一、CBP 在日韩的应用

日本和韩国的国民平均寿命都高于中国，尤其是日本人的平均寿命连续 20 多年位居世界第一。日本尤为关注骨骼健康，是全球公认的国民骨骼健康管理最好的国家。

对骨骼健康有益的 CBP 在日本、韩国被广泛应用于牛奶、奶粉、巧克力、奶酪等食品中，并且深受国民的青睐。

1. 日韩国民的骨骼健康观念

"多喝牛奶有助于长高"这句话几乎是全球居民的共识，日本政府和国民更是将这句话奉为真理。

日本推行全民喝奶，尤其是儿童青少年，由此让整个国民的平均身高大幅度提升，改变了日本人身高矮的形象。

荷兰 Clio Infra 数据库的历史数据显示，19 世纪初清朝时期的中国男性身高平均约为 165 厘米，当时日本人的平均身高只有 155 厘米。13—16 世纪侵略中国沿海的日本海盗被我国边民称为"倭寇"，正是因为当时日本海盗的身高普遍偏矮。

第二次世界大战后，日本政府除关注经济发展外，还非常关注国民的营养。1954 年颁布了《学校给食法》，提出了"一杯牛奶强壮一个民族"的口号，规定小学 1~3 年级学生由政府免费提供新鲜牛奶。

由于全民喝牛奶和整体营养的改善，让战后的日本人后代茁壮成长，国民身高显著提升。据 1914~2014 年这 100 年的数据记载，日本成年人的身高提升很多，其中男性身高增加了 14.65 厘米，女性身高增加了 16.01 厘米。

据报道，日本儿童的平均身高同样显著提高，分析认为与日本小学在上午课间免费提供牛奶不无关系。

牛奶中含有丰富的钙、维生素、蛋白质等营养物，以及微量的"骨骼生长因子"CBP、乳铁蛋白、免疫球蛋白等，长期坚持喝奶对身体健康的作用不言而喻。

2. CBP 在日韩的研究应用史

日本雪印乳业技术研究所从 1989—2000 年历经十余年时间，完成"促进强骨牛乳成分的研究"课题，发现了牛乳中功能性成分：牛乳碱性蛋白（milk basic protein，MBP），在世界上首次验证了牛乳碱性蛋白对骨骼健康的有益作用。牛乳碱性蛋白的研究进程如表 11-1 所示。

表 11-1　牛乳碱性蛋白的研究进程

年份	主要工作及成果
1987	雪印乳业技术研究所活性钙研究开始
1989	MBP 研究开始，探求钙以外的强骨物质
1990	发现 MBP 原型，乳清蛋白中有促进成骨细胞增殖成分
1991	通过动物试验，证实乳清蛋白可提高骨强度
1993	发现 MBP，乳清蛋白的有效成分在其碱性区
1995	命名为 MBP，进行乳碱性蛋白开发
1997	发现 MBP 中的促进骨形成成分

第十一章　CBP 的应用前景

（续表）

年份	主要工作及成果
1998	发现 MBP 中的抑制骨吸收成分
1999	证明健康女性服用 MBP 的有效性
2000	证明健康男性服用 MBP 的有效性
2001	MBP 的商品化，维护骨健康的商品面市
2002	"每日骨太 MBP" 被认定为特定保健用食品
2003	获农林水产先端技术产业振兴协会会长奖
2004	授权韩国企业生产 MBP 产品
2005	证实 MBP 能有效提高绝经期健康女性的骨密度

在日本研究 MBP 的同时，韩国专家在研究 CBP。早在 2007 年《食品科学杂志》第一卷，韩国仁济大学食品与生命科学学院食品科学研究所就发表了《从初乳乳清蛋白中提取初乳碱性蛋白的作用：促进骨细胞增殖和骨代谢》的研究报告，使用一系列超滤工艺从牛初乳中分离初乳碱性蛋白，并在动物中研究 CBP 对成骨细胞和骨代谢的影响。最终的试验结果表明，CBP 可增加骨量和骨密度，有助于预防骨相关疾病。

无论是日本对 MBP 的研究，还是韩国对 CBP 的研究，均表明 CBP 和 MBP 对增加骨长度和骨密度具有促进效果，只是它们提炼所用的原料不同而已，CBP 以牛初乳作为提炼原料，而 MBP 则以牛奶作为提炼原料。这些研究成果进一步推动了 CBP 在日韩的应用。

由于 MBP 在牛奶中的含量极低，加上日本奶牛养殖数量少，因此 MBP 在日本很难大规模生产。而新西兰乳制品工业十分发达，牛初乳产量高，且牛初乳中 CBP 的含量是普通牛奶的 20～30 倍，更具备规模化生产的条件。因此在日本市场上也流行用新西兰的 CBP 原料生产相关产品。但是，日本研究与应用 CBP 的历史要早于新西兰，日本将 CBP 作为原料添加到营养食品中可追溯到 2000 年以前，故 CBP 在日本的应用已有二十多年，已广泛应用于牛奶、饮料、巧克力、钙片等各类营养食品中。其中，日本最具有代表性的品牌有 DHC 和 Kokoki Power，他们为了验证 CBP 对骨骼健康的实际效果而进行了全面的临床试验，这进一步提升了 CBP 在日本国民中的认知度。

咀嚼片　　　　　　　　　　钙及葡萄糖胺固体片剂

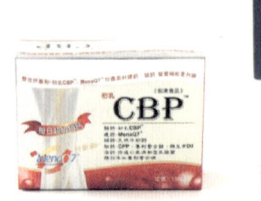
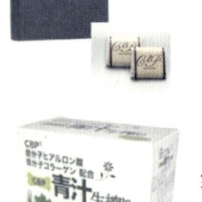

巧克力

小包袋装粉末　　　结合其他天然提取物的营养食品

3. CBP 在日本的应用含量

在日本，高含量的 CBP 产品添加量达到了 60 毫克 / 粒，这一添加量与日本研究机构开展临床测试采用的摄入量一致，也是被认为更有效且安全的摄入标准。

4. CBP 对日本国民骨骼健康的影响

我国 60 岁以上患骨质疏松的人群比例超过 30%，而日本患骨质疏松的人群比例明显低于我国，这与日本国民年轻时的骨量储备有关。

如果把骨骼比作一个蓄水池，人体在 40 岁之前是不断向里面蓄水的过程，蓄水池的水位越高，骨骼储备的骨量就越多。但是，当到达一定年龄之后，人体机能开始下降，骨量逐步减少，就像水池也会老化，水池里的水开始慢慢流失，蓄水量不断降低。因此，了解这一健康常识的日本国民非常重视骨骼健康，对年轻时骨量储备非常重视。

以日本女性为例，她们的健康意识非常强，非常重视体检，不光是参加政府免费提供的体检，还会额外做更深入全面的检查，其中骨密度便是重要的项目之一。所以日本女性可以实时监控身体的骨密度值，并及时发现骨骼不正常情况。

日本女性重视自身骨密度的同时，也会加强对家庭其他成员骨密度的关注，提早预防可能出现的骨骼健康问题。而 CBP 可显著促进骨密度提升的研究结果亦深刻影响着日本女性，进而推动了 CBP 在日本的推广，成为大众消费的产品。

在多重因素的影响下，日本国民的骨骼健康状况在亚洲各国中显著领先。

5. CBP 在日本不同人群中的使用建议

CBP 在日本有着详细的使用建议，根据不同年龄段人群的骨骼营养需求，制定了全面的促进钙质吸收的配方建议。

（1）儿童用：儿童成长期的钙质摄取量与其骨骼的形成和骨密度有直接联系。CBP 中加入多种维生素的独特配方可以促进儿童在成长期的钙质吸收，同时促进骨骼的新陈代谢，帮助孩子长高，提升骨密度。

（2）成人用：饮食不均衡会造成钙质摄取不足，从而影响骨骼的健康。传统上人们认为骨骼一旦形成，一生难以改变。实际上，人体内骨骼的成骨细胞和破骨细胞工作一直是同时进行的，CBP 中加入钙和多种维生素的独特配方可以促进钙质吸收，让骨骼保持更健康的状态。

（3）女性用：钙与女性的健康有着密切的联系。CBP 中加入铁质和叶酸的独特配方可以促进钙质吸收，同时也可以补充女性日常不足的营养成分。CBP 非常适合应用在女性代餐中，帮助女性在保持体形的同时不丢失骨量。

（4）中老年人用：中老年阶段骨钙的流失进一步增加，这时更容易诱发骨质疏松症。CBP 中加入软骨素和多种维生素的独特配方可以促进钙质吸收和补充中老年人所需的营养成分，对于改善和预防骨质疏松具有显著的效果。

日本是一个老龄化问题非常严重的国家，也伴随着较高的骨质疏松症发生率。日本雪印乳业株式会社已把 MBP 开发成功能性食品添加剂，广泛应用于纯牛乳、乳饮料、发酵乳、乳粉、再制干酪、冰淇淋、功能性运动饮料、特定保健用口服液等产品中。

骨的更新速率较低，所以预防骨质疏松是一个长期的过程，食物与快速作用的药物相比显得更为重要，且调节骨代谢的食物成分相对安全和便宜，所以从乳和乳制品中摄取营养物质是一种有效预防骨质疏松的方法。因此，源自牛奶的 MBP 和牛初乳的 CBP 已成为一种新型的、天然的和理想的骨健康强化剂，更适合添加到日常食物中。

二、CBP 在国内的应用

我国在 2009 年将 CBP 列入了新资源食品，正式确立了应用标准。以前，CBP 通常从"初乳碱性蛋白粉"原料中获得。现在，考虑到初乳碱性蛋白粉本身也是以牛初乳为原料加工而成，所以，一些牛初乳生产商开始生产富含 CBP 的牛初乳粉，而这类牛初乳粉则成为了 CBP 的新获得方式。

因此，国内 CBP 的相关产品主要有两种：一种是直接添加 CBP 初乳碱性蛋白原料，在产品的配料中写 CBP；另一种是添加富含 CBP 的 24 小时牛初乳原料，配料表中写牛初乳，而不写 CBP，但根据检测结果，在营养成分表上标注 CBP 含量。

1. CBP 骨能量相关产品

CBP 高钙牛奶

社会的进步让国民越来越重视个人健康，希望日常营养食品能够带给他们健康甚至能防治一些疾病。因此，功能食品成了最受关注的领域之一，而功能性乳制品也是功能食品重要的组成部分。

功能性乳制品在国外非常普遍，而我国乳制品主要以液态奶、酸奶、奶粉等为主，功能性乳制品相对较少，尤其是液态奶。针对乳制品的功能特性及国人的健康现状，以牛奶为基础营养，开发功能性的乳制品是未来发展的一个方向。因此，国内各大乳业巨头和新兴力量陆续推出功能性乳制品，以抢占未来消费制高点。目前国内乳制品、营养品、膳食食品中添加的 CBP 都是来自牛初乳。

CBP 高钙奶粉

虽然全国各地居民的物质生活得到显著改善,但仍有很多偏远地区的家庭无法喝到新鲜的牛奶。尤其是对于需要大量补钙的儿童和老年人,将 CBP 添加到奶粉中,便于运输存储,为他们提供了更加便利的选择。

根据国家统计局发布的历年出生人口数据显示,截至 2021 年底,我国 4~12 岁儿童约有 1.4 亿人,0~3 岁的婴幼儿约有 3700 万人,儿童人口数约为婴幼儿的 3.8 倍。庞大的儿童人口基数,以及家长对孩子营养关注度越来越高,让儿童奶粉市场持续扩大。当前,儿童奶粉同质化非常严重,大多数普通配方儿童奶粉达不到消费者的期待。

分析当前市场上的儿童奶粉,按照配方可以分为三档:基础配方、高端配方、超高端配方。基础配方儿童奶粉,仅满足孩子日常基础营养需求,如添加钙、铁、锌、维生素等,由于配方成本较低,故售价也较低。高端配方儿童奶粉是在基础配方之上,再添加一些关键营养素,如益生菌、牛磺酸、叶黄素、DHA、乳铁蛋白等,从中选择部分配方组合,可满足一部分深层次营养需求。超高端配方儿童奶粉,则是满足父母的核心营养诉求,长高和益智最为关键,因此,针对父母这两大核心诉求研创的 CBP+PS 配方成为超高端配方儿童奶粉的标配。

CBP 最大的价值是在老年人市场,老年人是最需要保障骨骼营养的一个群体。随着年龄不断增加,骨质疏松症是在老年人中常见的疾病,骨骼的质量决定了晚年生活的质量。

我们经常看到各种新闻报道,一些不良商家利用老年人营养知识的匮乏,以及老年人常见疾病的痛点,向他们推销成堆无效的营养保健品,不仅让老年人损失了金钱,而且耽误了身体。而奶粉是更放心、更安全,可长期食用的营养食品。通过食用 CBP 奶粉,老年人不仅可以吸收奶粉中丰富的营养,还能通过 CBP 让骨骼保持健康。而且,奶粉的价格也更亲民,不会让老年人有过大的经济负担。

CBP 高钙营养品

牛奶、酸奶和奶粉是可长期食用的普通食品,加上食用量较大,所以 CBP

的含量相对更低一些，主要是满足日常骨骼营养护理需求。

但是，对于想要急切增加骨能量的人群来说，低含量的普通 CBP 食品无法满足他们的需求，应选择 CBP 添加量更高的营养加强食品。CBP 营养强化食品一般会参考国家新资源食品摄入量 ≤ 100 毫克 / 天的上限标准，做成每袋或每粒 CBP 含量 100 毫克的产品。目前，市场上有针对中老人、孕产妇的"百立乐 CBPS 定制营养"，有针对儿童青少年的"金冕长高高"等产品，均采用了最高添加标准。

目前市场上的 CBP 高钙营养品的产品类型主要有调制乳粉、调制乳品两种类型。

CBP 保健食品

随着对 CBP 研究的逐步深入，传统骨骼类营养保健品也开始关注 CBP，并将其应用于产品中，比较有代表性的是与氨糖软骨素搭配，剂型为咀嚼片。

不过由于保健品备案和审批程序非常严格，时间过程较长，并需要提供充分翔实的研究报告，这增加了此类产品推出的难度，所以 CBP 相关的保健品目前较少。CBP 应用于保健食品中，并允许标注其保健功能为增加骨密度，这是国家对 CBP 营养价值的认可，也充分说明 CBP 骨能量对骨骼健康有益。

除了牛奶、奶粉和营养品外，CBP 还可应用于代餐、奶酪、饮料、零食等食品中，这是新资源食品的优势，可添加范围非常广。值得关注的是，目前已有营养研发企业以 CBP 骨能量为核心，搭配维生素 K_2、免疫球蛋白 IgG、乳铁蛋白 LF 等健骨相关营养元素，做成骨能量更强的产品。

2. 国内目前 CBP 骨能量典型产品的卖点

随着 CBP 产品逐步上市，多个知名品牌也提出 CBP 的产品卖点，比较有代表性的有蒙牛提出的"CBP 高钙，就是更好的高钙"、光明提出的"补钙锁钙"、培芝提出的"CBPS 金冕骨能量"等，这三个口号虽然看似略有差异，实则形成了非常紧密的关联。"CBP 骨能量"体现了 CBP 作用于骨骼的过程，"补钙锁钙"则是 CBP 作用于骨骼的结果，而"CBP 高钙"则是利用"CBP 骨能量"作用原理研发的 CBP 产品。不同品牌提出的是 CBP 在不同阶段的营养价值。

目前，国内市场上的高钙产品非常多，而蒙牛、光明、培芝等品牌的 CBP 高钙产品的上市打破了此类产品高度同质化的局面。

CBP 高钙
就是更好的高钙

补钙锁钙

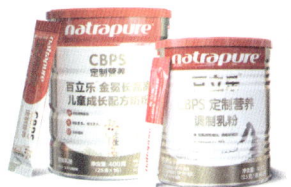
CBPS 骨能量

3. 国内 CBP 的添加标准

关于 CBP 的应用添加并没有明确的标准，但根据试验结果及产品特点，大致可以分为常规标准、强化标准和上限标准三个区间。

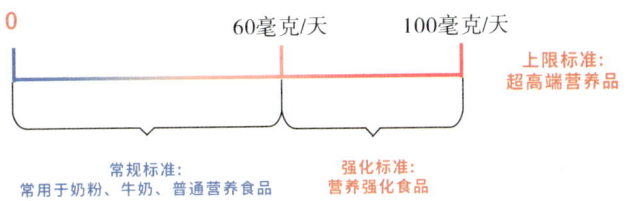

（1）上限标准：100 毫克/天，国内 CBP 产品添加标准参照的是 2009 年发布的 CBP 新资源食品标准，标准规定食用量为 ≤ 100 毫克/天，也是国内的上限标准。

（2）强化标准：60～100 毫克/天，日本临床试验采用 60 毫克/天的食用量，验证了 CBP 对改善骨密度的显著效果。由此得出，CBP 食用量高于 60 毫克/天可获得强化效果。结合 CBP 在我国的上限标准为 100 毫克/天，强化标准的区间应为 60～100 毫克/天。强化标准更适合添加到营养强化食品、功能性奶粉、保健品中，适用于急需快速增强骨能量、提升骨密度的人群。

（3）常规标准：≤ 60 毫克/天，对于没有迫切需求，骨骼相对健康，希望长期食用 CBP 产品预防骨密度下降的人群，可根据自身情况选择每天摄入 ≤ 60 毫克，保持骨密度的稳定。低于 60 毫克为常规标准，更适合加入牛奶、营养零食等日常食品中，通过长期坚持食用，可以起到日常养护的效果。

第十二章 如何选择更好的 CBP 产品

CBP 产品的最大营养价值在于 CBP 的含量，因 CBP 是从牛初乳中提炼而得，故非常稀缺且昂贵。为方便大家甄选优质的 CBP 产品，这里着重介绍较为常见的 CBP 牛奶、奶粉和营养品的选择技巧。

一、选择 CBP 乳制品

CBP 乳制品主要包含牛奶和奶粉，选择时关键看两点：一是关注 CBP 的总添加量，并计算出每天摄入的 CBP 量；二是牛奶或奶粉本身的品质，这点相信大家都有经验。

那么，如何计算每天摄入的 CBP 量呢？

CBP 牛奶关键看两个营养物：CBP 和钙。CBP 牛奶一般会标注每升添加多少含量的 CBP，可根据每天的饮奶量计算摄入的 CBP 量。如标注 CBP 添加量为 10 毫克/100 毫升，则一盒 250 毫升的牛奶中 CBP 量为 25.0 毫克。牛奶中钙含量的计算也是同样的方式，根据饮奶量测算出钙的摄入量。

奶粉一般会标注每 100 克添加多少的 CBP，可根据每天冲调奶粉的总质量换算每天摄入的 CBP 量。如标注 CBP 添加量为 100 毫克/100 克，以每天冲泡并饮用 50 克的奶粉计算，当天摄入的 CBP 则为 50 毫克。同时可以在营养成分表里查看钙含量，大多数高钙奶粉的钙含量在 1000 毫克/100 克以上。

<u>从营养价值看，CBP 含量越高，对骨骼越有帮助。因此，建议优先选择 CBP 总含量高的牛奶或奶粉。</u>

第十二章　如何选择更好的 CBP 产品

如何选择优质的牛奶和奶粉呢？

选择 CBP 牛奶关注以下两点：一是尽量不要选复原乳，可以选以生牛乳为原料的纯牛奶，复原奶在产品包装上会显著标明；二是优先选择冷藏销售的巴氏纯牛奶，杀菌温度低，能更好保持牛奶原有的营养成分。

选择 CBP 奶粉重点关注以下两点：一是看奶源，奶源决定了奶粉的品质，可优先考虑乳制品口碑好的国家的奶源；二是看除 CBP 外还搭配了哪些营养，如 PS、DHA、ARA、FOS、维生素 K_2、乳铁蛋白等 CBP'S 组合营养物质。

二、选择 CBP 营养品

市面上常见的 CBP 营养品主要有粉剂和片剂。粉剂更适用于年龄较小的儿童，乳片、咀嚼片、压片糖果更适合青少年和成年人。

<u>选择 CBP 营养品的两个关键点是：CBP 的含量和营养搭配。</u>

当消费者选择购买 CBP 含量更高的营养品时，说明其迫切想要补充骨能量，以达到改善骨骼健康的目的。因此，可根据实际需要选择相应含量的 CBP 营养品。

日本临床试验采用了 60 毫克 / 天的 CBP 摄入量，并验证了 CBP 具有增加骨长度和骨密度的功效。而我国进行了充分的研究验证，将 CBP 新资源食品的最高标准定为 100 毫克 / 天。因此，60～100 毫克被认为是 CBP 更为科学有效的添加量。对于希望急切改善骨骼健康的人群，建议选择每天摄入量为 60～100 毫克的 CBP 营养品。

CBP 可为骨骼内部提供骨能量，只有搭配其它骨骼营养物质一起才能发挥更好的效果，所以 CBP 营养品一般还会搭配其它营养素，如针对儿童青少年，CBP 搭配维生素 K_2、维生素 A 与 D、磷脂酰丝氨酸 PS、乳铁蛋白 LF 是非常全面的 CBP'S 营养组合，实现长高、益智、免疫三重功效。而中老年人、孕产妇则可以选择 CBP 搭配高钙、免疫球蛋白 IgG，实现补钙、锁钙、免疫三重功效。

三、推动中国 CBP 产业进步的力量

虽然 CBP 在 2009 年就被列入国家新资源食品名录，但由于缺少权威机构进行深入研究，国内消费者对 CBP 的认知度较低，因此，当 CBP 在日本、韩国等被广泛深入应用的时候，在国内却鲜为人知。直到 2020 年，CBP 因具有促进增加骨长度的效果，被添加到儿童奶粉中，让儿童奶粉有了一个新概念"长高儿童奶粉"，迅速吸引了中国父母们的关注，CBP 才逐步被消费者认知。

一个品类的可持续健康发展，要有领衔力量的推动。2022 年，先后有培芝、光明、蒙牛、飞鹤、百立乐、提拉米等知名品牌推出 CBP 相关产品，并开展了大量的科普教育。同时，华南理工大学食品科学与工程学院和培芝建立院企合作战略联盟，共同开展 CBP 骨能量和初乳细分营养的研究，这些力量共同推动中国 CBP 产业进入快车道。

华南理工大学食品科学与工程学院是国内首个进行 CBP 科普研究的高等院校，并组建了一支强大的专家团队，填补了我国 CBP 研究科普领域的空白。

值得欣喜的是，因 CBP 而受益的消费者，也在不断向身边有需要的人介绍 CBP 的营养价值，成为推动 CBP 产业进步最重要的一股社会力量。

第十三章 好习惯让 CBP 骨能量更强

人体营养的吸收与良好的生活、饮食习惯密切相关，通过多吃含钙量高的食物，保证充足的睡眠和日照，以及适当运动，这些都会让 CBP 改善骨骼健康的效果更加明显。

1. 多吃牛奶等含钙量高的食物

CBP 锁钙，是为骨骼提供能量，让骨骼达到更健康的状态，从而提高人体骨骼对钙、磷等其它营养的吸收。

因此，在补充 CBP 的同时，也应该加强食物中钙的摄入，尤其是儿童青少年、孕期女性、绝经期女性、老年人更要注重补钙。

儿童的骨骼生长发育较快，对钙的需求量较大，不但在纵向（长高）、横向（增粗）增长，同时不断钙化，增加骨密度，并增加身高。当青少年骨骼停止生长之后，钙化过程继续进行，骨密度继续增加。

含钙高的食品有很多，比如牛奶、豆制品、海鲜、虾皮、干果、蘑菇等，鱼类、动物的肝脏，不但可以补钙，还可以补充维生素 K。另外，绿色蔬菜如青菜、西兰花、芹菜等含钙量也较高。

2. 保证充足的睡眠

随着移动互联时代的到来，我国居民的睡眠时间逐步减少，很多人睡眠时间长期低于 5 个小时。研究报告称，每晚睡眠时间少于 5 小时的人，出现骨质密度降低、骨质疏松症的概率要高很多。

澎湃新闻在 2019 年 11 月，报道了美国布法罗大学公共卫生与健康学院的流行病学与环境卫生副教授 Heather Ochs-Balcom 的一项研究，他表示："研究表明，睡眠不足对骨骼健康产生负面影响，建议每晚保证 7 小时或更长时间的睡眠时间。"Ochs-Balcom 教授重点研究了美国 11 084 名绝经后的妇女，研究发现：相比每晚睡 7 小时的女性，每晚只睡 5 小时或更少的女性，其全身多处，包含臀部、颈部和脊柱的骨密度明显较低，这一差异相当于身体老了一岁。

在睡眠期间，人体骨骼会重塑，旧的骨组织被移除，新的骨组织则会形成。虽然 CBP 可以帮助骨骼形成新骨，但睡眠时间少也同样会大大影响效果。

3. 保证每天充足的日照

从现代医学的角度来说，维生素 D 可促进钙的吸收，而晒太阳则是补充维生素 D 的最佳方式。

生活在城市的大多数人群，不仅睡眠时间减少，日照时间也大幅缩水，很多上班族一周的日照时间不足半小时。

一天中，有两段时间最适合晒太阳：第一段是上午 6 时到 9 时，此时红外线居高，紫外线偏低，使人感到温暖柔和，不仅有利于补充维生素 D，还对提高身体机能有很大作用；第二段

是下午4时到5时，夏天可适当推后一些，此时正值紫外线中的长波UVA占上风，可以促进肠道对钙、磷的吸收，不仅有利于增强体质，还可以促进骨骼正常钙化。

每天保证不少于30分钟的日照，加上饮食摄入的维生素D，可以满足人体对维生素D的需求。在CBP和维生素D的双重助力下，骨骼将更加健康。

4. 适量增加运动负荷

自从有了手机，很多人的运动时间大幅减少，这让我们的骨骼变得更脆弱。现在，是时候放下手机，适当地增加运动量了，体育锻炼对骨骼的健康很重要。

研究发现，运动可使骨量峰值有一定的提高，适当增加负重训练和有氧运动，对日后骨质疏松的预防有很大的作用。跑步、跳绳、跳舞、单足跳、打球、举哑铃等运动方式，对提升骨密度均有不错的效果。

日本科学家在深入研究CBP的功效时发现，服用CBP后适当加强运动，有助于更好增强骨密度。

综上所述，在服用CBP的同时，多吃含钙量高的食物，保证充足的睡眠与日照时间，同时适量运动，坚持一段时间后，相信你一定可以看到骨骼的显著变化。

附录 《中国儿童维生素A、维生素D临床应用专家共识》核心摘要

2021年，中华预防医学会儿童保健分会编写的《中国儿童维生素A、维生素D临床应用专家共识》（简称《专家共识》）正式发布，提出了目前公认最权威的维生素A、维生素D补充方案，对儿童骨健康具有十分重要的参考意义。本书对《专家共识》的精华内容做了摘录，供大家参考。

1. 我国儿童维生素A、维生素D整体营养水平并没有达标

我国儿童维生素A边缘缺乏率仍处于较高水平，3～5岁儿童维生素A边缘缺乏率为27.8%，其中城市为21.4%、农村为34.7%，农村儿童维生素A的边缘缺乏率显著高于城市。

我国3～5岁儿童维生素D不足率为43.0%，其中城市为44.4%、农村为42.1%。

城市服用维生素A补充剂的比例约为50%，而农村地区仅有不到20%，补充意识的差别也可能是导致城乡维生素A营养水平差异的重要原因。

目前，我国儿童中维生素D缺乏和不足仍是突出的营养缺乏问题，与儿童户外活动过少和膳食维生素D摄入量严重不足有关，而且儿童中规律补充维生素D制剂的比例也较低。给予预防剂量的维生素D补充将有助于改善5岁以下儿童维生素D营养状况，可显著降低发生维生素D缺乏的风险。

2. 维生素A、维生素D缺乏的原因易被忽视

① 围生期储存不足：维生素A和类胡萝卜素都很难通过胎盘进入胎儿体内，

孕期母体维生素A、维生素D水平不足，以及早产儿、双胎儿、低出生体重儿等都容易导致维生素A、维生素D缺乏。

② 生长发育迅速：婴幼儿生长发育较快，对维生素A、维生素D需求量相对较大，追赶生长、超高、超重、肥胖儿童更易出现维生素A、维生素D缺乏。

③ 营养供给不足：母乳中的维生素A、维生素D含量不能满足婴儿体格日益增长的需要，天然食物中维生素D含量较少且紫外线照射皮肤合成维生素D会受到较多因素影响，蔬菜中的类胡萝卜素的吸收转化率较低。纯母乳喂养、辅食摄入不足更易导致维生素A、维生素D缺乏。

④ 疾病的影响：感染性疾病会导致体内维生素A、维生素D大量丢失，还会影响营养素的吸收和利用。

⑤ 药物的干扰：长期服用考来烯胺、新霉素、抗惊厥药、抗癫痫药和糖皮质激素，会对人体维生素A、维生素D的吸收和代谢造成影响。

3. 边缘型维生素A缺乏、维生素D不足影响儿童健康

研究显示，维生素A缺乏会降低5岁以下儿童抵抗感染性疾病的能力(特别是消化道和呼吸道感染)，增加儿童死亡率。

维生素A与D缺乏是一个渐进的过程，长期营养摄入不足会导致体内储存的维生素A与D的消耗，进而出现血液循环中维生素A与D水平的下降，最终导致维生素A与D缺乏的发生。

边缘型维生素A缺乏会引起组织细胞增殖分化与代谢功能的改变，对生长发育、免疫功能和造血系统产生不良影响，临床表现为生长缓慢、反复感染、贫血等，群体儿童的患病率和死亡风险增加。

儿童期维生素D不足会导致青春期骨量、骨峰值下降，并明显增加成年骨质疏松的风险，还会增加呼吸道感染和消化道感染风险，以及增加过敏和哮喘风险。

这些不良影响并不是发展到维生素A与D缺乏阶段才出现的，而是在维生

素 A 与 D 水平低于正常值就开始对机体造成影响。

4. 防止维生素 A、维生素 D 缺乏发生重在预防

营养素的预防性补充干预是以预防营养素缺乏、降低疾病发生率、促进儿童早期发展为目的，其重点在预防，而不仅局限于对已发生营养素缺乏的矫正。

为了预防儿童维生素 A 与 D 缺乏，专家共识提倡出生后应及时补充维生素 A 1500～2000 IU/d、维生素 D 400～800 IU/d，持续补充至 3 周岁。

针对特殊人群，补充维生素 A、维生素 D 能够使儿童获益，主要包括：

① 早产儿、低出生体重儿、多胞胎等出生后每日应补充维生素 A 1500～2000 IU、维生素 D 400～800 IU，前 3 个月按上限补充，3 个月后可调整为下限。

② 存在缺铁性贫血及铁缺乏的儿童，每日应补充维生素 A 1500～2000 IU、维生素 D 400～800 IU，促进铁的吸收和利用，提高缺铁性贫血的治疗效果。

③ 反复呼吸道感染、腹泻等罹患感染性疾病患儿每日应补充维生素 A 2000 IU、维生素 D 400～800 IU，以促进儿童感染性疾病的恢复，提高机体免疫力，降低感染发生风险。

④ 其他罹患营养不良、孤独症谱系障碍（ASD）、注意缺陷多动障碍（ADHD）等慢性病的儿童同样存在着维生素 A 缺乏的风险且病情严重程度与维生素 A 缺乏程度呈正相关。建议每日补充维生素 A 1500～2000 IU、维生素 D 400～800 IU，有助于改善患病儿童的营养状况，改善慢性病的预后。

5. 预防性补充剂量的维生素 A、维生素 D 是安全的

维生素 A 一次补充大于 30 万 IU（国际单位）会导致急性中毒；婴幼儿维生素 D 每天摄入 2 万～5 万 IU，连续数周或数月，才可能导致慢性中毒。

因此，基于中国营养学会推荐的每日生理需要量，采取的预防性补充剂量（维生素 A 1500～2000 IU/d、维生素 D 400～800 IU/d），不会引起维生素 A、维生素 D 中毒的发生。

6. 维生素 A、维生素 D 同补具有协同作用

维生素 A 和维生素 D 同为脂溶性维生素，维生素 A 可以使维生素 D 更好地发挥生物学活性，在免疫功能、骨骼发育、预防贫血等诸多方面具有共同作用。

因此，选择剂量合理的维生素 A、维生素 D 同补的方式具有合理性，是方便、经济的预防干预措施，适合目前我国儿童现状。

参考文献

[1] 唐勇,张乾勇,糜漫天,等.强化磷脂酰丝氨酸纯牛奶改善记忆力人群试食研究[J].重庆医学,2011,40(30):3022-3023,3026.

[2] 赵笛辰,李梅.儿童及青少年骨骼发育特点及其影响因素[J].中华骨质疏松和骨矿盐疾病杂志,2018,11(6):608-612.

[3] 曹劲松.初乳功能性食品[M].北京:中国轻工业出版社,2000.

[4] 吴益群,郁正刚.各类营养物质与骨骼健康[J].中国骨质疏松杂志,2012,18(9):8.

[5] 付强,刘源.钙、磷与维生素D对动物骨代谢的影响研究进展[J].中国比较医学杂志,2006(8):502-505.

[6] 侯威.体内维生素K_2水平含量较低将会增加儿童骨折的风险[J].中国食品学报,2017,17(6):250-250.

[7] 潘慧.协和专家说长高:让孩子多长10厘米[M].北京:科学技术文献出版社,2019:179-180.

[8] 中国儿童少年基金会.中国儿童身高管理现状调研报告[R/OL].(2017-09-03)[2018-04-23].https://www.cctf.org.cn/news/info/2018/04/23/4577.html.

[9] 中国疾病预防控制中心.中国居民营养与慢性病状况报告(2020年)[R/OL].(2020-12-23)[2020-12-23].http://www.scio.gov.cn/xwfbh/xwbfbh/wqfbh/42311/44583/wz44585/Document/1695276/1695276.htm.

[10] 中国疾控中心慢病中心.国家卫生健康委发布中国骨质疏松症流行病学调查结果[N/OL].(2018-10-20).https://www.chinacdc.cn/gsywlswxx_9498/crbs/201812/t20181217_198289.html.

[11] PLAYFORD R J, WEISER M J. Bovine colostrum: Its constituents and uses[J]. Nutrients, 2021, 13(1):265.

[12] 鲍秀兰.DHA+PS:破解养成宝宝超强大脑之谜![EB/OL].(2019-08-06). https://www.sohu.com/a/331860760_99956771.

[13] 李静蕾,金贤明,崔宣等.从初乳乳清蛋白中提取初乳碱性蛋白的作用:促进骨细胞增殖和骨代谢[J].食品科学杂志,2007(1):1-6.

[14] 中华预防医学会儿童保健分会.中国儿童维生素A、维生素D临床应用专家共识[J].中国儿童保健杂志,2021,29(1):131-138.

[15] PUPPEL K, GOŁĘBIEWSKI M, GRODKOWSKI G, et al. Composition and factors affecting quality of bovine colostrum: A review[J]. Animals, 2019, 9(12):1070.

[16] SANGILD P T, VONDEROHE C, MELENDEZ H V, et al. Potential benefits of bovine colostrum in pediatric nutrition and health[J]. Nutrients, 2021, 13(8):2551.

[17] AULDIST M J, WALSH B J, THOMSON N A. Seasonal and lactational influences on bovine milk composition in New Zealand[J]. Journal of Dairy Research, 1998, 65(3):401-411.

[18] TEN-BRUGGENCATE S.J, BOVEE-OUDENHOVEN I M, FEITSMA A L, et al. Functional role and mechanisms of sialyllactose and other sialylated milk oligosaccharides [J]. Nutr. Rev. ,2014, 72: 377-389.

[19] GODDEN S M, LOMBARD J E, WOOLUMS A R. Colostrum management for dairy calves [J]. Vet. Clin. N. Am. Food Anim. Pract, 2019, 35: 535-556.

[20] ULFMAN L H, LEUSEN J H W, SAVELKOUL H F J, et al. Effects of bovine immunoglobulins on immune function allergy, and infection front [J]. Nutrients, 2018, 5: 1-20.

[21] HODGKINSON A J, CAKEBREAD J, CALLAGHAN M, et al. Comparative innate immune interactions of human and bovine secretory IgA with pathogenic and non-pathogenic bacteria [J]. Dev. Comp. Immunol, 2017, 68: 21-25.

[22] NASH G S, MACDERMOTT R P, SCHLOEMANN S, et al. Bovine IgG1, but not IgG2, binds to human B cells and inhibits antibody secretion [J]. Immunology, 1990, 69: 361-366.

[23] DAUGHADAY W H, ROTWEIN P, ROTWEIN P. Insulin-like growth factors I and II. Peptide, messenger ribonucleic acid and gene structures, serum, and tissue concentrations[J]. Endocr. Rev, 1989, 10: 68-91.

[24] DAVISON G. The use of bovine colostrum in sport and exercise[J]. Nutrients, 2021, 13(6): 1789.

[25] URASHIMA T, TAUFIK E, FUKUDA K,et al. Recent advances in studies on milk oligosaccharides of cows and other domestic farm animals [J]. Biosci. Biotechnol. Biochem.,2013, 77: 455-466.

[26] LANE J A, O'CALLAGHAN J, CARRINGTON S D,et al. Transcriptional response of HT-29 intestinal epithelial cells to human and bovine milk oligosaccharides [J]. Br. J. Nutr., 2013, 110: 2127-2137.

[27] ANGELONI S, RIDET J L, KUSY N,et al. Glycoprofiling with micro-arrays of glycoconjugates and lectins [J]. Glycobiology , 2005, 15: 31-41.

[28] PLAYFORD R J, CATTELL M, MARCHBANK T. Marked variability in bioactivity between commercially available bovine colostrum for human use; implications for clinical trials [J]. PLoS ONE, 2020, 15, e0240392.

[29] MARTÍN-SOSA S, MARTÍN M J, GARCÍA-PARDO L A,et al. Sialyloligosaccharides in human and bovine milk and in infant formulas: Variations with the progression of lactation [J]. J. Dairy Sci., 2003, 86: 52-59.

[30] CESARONE M R, BELCARO G, DI RENZO A,et al. Prevention of influenza episodes with colostrum compared with vaccination in healthy and high-risk cardiovascular subjects: The epidemiologic study in San Valentino [J]. Clin. Appl. Thromb. Hemost., 2007, 13: 130-136.

[31] PATEL K, RANA R. Pedimune in recurrent respiratory infection and diarrhoea- The Indian experience-the pride study [J]. Indian J. Pediatr. ,2006, 73（7）: 585-591.

[32] SAAD K, ABO-ELELA M G M, EL-BASEER K A A, et al. Effects of bovine colostrum on recurrent respiratory tract infections and diarrhea in children [J]. Medicine, 2016, 95（37）: 4-8.

[33] UCHIDA K, YAMAGUCHI H, KAWASAKI M, et al. Bovine late colostrum (colostrum 6, 7 Days after parturition) supplement reduces symptoms of upper respiratory tract infection in infants [J]. Journal of Japanese Society of Clinical Nutrition, 2010, 31（4）: 122-127.

[34] JONES A W, MARCH D S, CURTIS F, et al. Bovine colostrum supplementation and upper respiratory symptoms during exercise training: A systematic review and meta-analysis of randomised controlled trials [J]. BMC Sports Sci. Med. Rehabil. , 2016, 8: 21.

[35] HAŁASA M, MACIEJEWSKA D, BAŚKIEWICZ-HAŁASA M, et al. Oral supplementation with bovine colostrum decreases intestinal permeability and stool concentrations of zonulin in athletes [J]. Nutrients, 2017, 9（4）: 370.

[36] BARAKAT S H, MEHEISSEN M A, OMAR O M, et al. Bovine colostrum in the treatment of acute diarrhea in children: A double-blinded randomized controlled trial [J]. Journal of Tropical Pediatrics, 2020, 66（1）: 46-55.

[37] BIERUT T, DUCKWORTH L, GRABOWSKY M, et al. The effect of bovine colostrum/egg supplementation compared with corn/soy flour in young Malawian children: A randomized, controlled clinical trial [J]. Am. J. Clin. Nutr., 2021, 113（2）: 420-427.

[38] PANAHI Y, FALAHI G, FALAHPOUR M, et al. Bovine colostrum in the management of nonorganic failure to thrive: A randomized clinical trial [J]. JPGN., 2010, 50: 551-554.

[39] LEE J, KWON S, KIM H, et al. Effect of a growth protein colostrum fraction on bone development in juvenile rats [J]. Biosci. Biotechnol. Biochem., 2008, 72: 1-6.

[40] DUFF W R D, CHILIBECK P D, ROOKE J J, et al. The effect of bovine colostrum supplementation in older adults during resistance training [J]. International journal of sport nutrition and exercise metabolism, 2014, 24（3）: 276-285.

[41] LAEMMLI U K. Cleavage of structural proteins during the assembly of the head of bacteriophage [J]. Nature, 1970, 227:680-685.

[42] KHARTODE S S. Early recovery of COVID-19 patients by using immunoglobulins present in cow colostrum food supplement-A clinical study [J]. Journal of Research in Medical and Dental Science, 2021, 9（3）: 186-198.

后 记

为国人加"骨劲",让孩子"高人一等"

和平年代,没有战争硝烟,更容易放松警惕。当今世界,国与国之间的无形竞争正在加剧,除了国家实力的比拼,还有民族"高度"的竞赛。

一个民族不仅要有"高度",还要有坚硬的"脊梁"。健康的骨骼是我们每个人的"脊梁",每个家庭的"脊梁",更是一个民族的"脊梁"。

作为成年人,我们很多人会惋惜自己错过了干预身高的最佳机会,无法改变现实。但是,下一代正在茁壮成长,并且父母们为了让孩子"高人一等",愿意创造一切条件帮助他们。

勤劳的中国人民,通过数十年的艰苦奋斗,创造了举世瞩目的伟大成就。今天,这个庞大的群体正逐渐老去,中国步入老龄化社会。许多人年轻时透支身体,舍己为家、舍己为国,等到老年,他们中很多人患上了骨质疏松症,影响了晚年生活的幸福。

目前,骨质疏松症已成为中国患者人数最多的一种慢性病,患病人群数量非常庞大,这其中可能就有我们的父母和亲人。

因此,子女关心孝敬父母,应关注他们的骨骼健康,每年至少进行一次骨密度检测,提早预防骨质疏松症,这是他们享受健康晚年生活的关键。

科学技术进步改变一个民族,改变一个国家的面貌。CBP 的发现,开创了人类骨骼保健的全新时代,开启了骨骼的全面修复及再生阶段,为国人补充骨能量提供了更好的选择。

CBP 在中国的发展需要标杆企业的推动，培芝、金冕、蒙牛、光明、百立乐、提拉米等代表品牌为 CBP 做了大量的科普教育，为本书的编写提供了重要参考。

《初乳碱性蛋白 CBP 与骨骼健康》收录了全球研究机构有关 CBP 的研究成果，将对我国国民了解骨骼健康与 CBP 的营养价值起到重要的参考作用。

作为中华民族的一员，我们有责任联合各界的力量，一致行动起来，为国民加"骨劲"，让我们的孩子"高人一等"。